Marcelo Antonio Sobrevila

ACCIONAMIENTOS

mediante
Motores Asincrónicos Trifásicos
en instalaciones electromecánicas

1ª. Edición
2001

LIBRERIA Y EDITORIAL ALSINA

PARANA 137 - BUENOS AIRES - ARGENTINA
TEL.(54)(011)4373-2942 Y TELEFAX (54)(011)4371-9309

El motor asincrónico trifásico es la máquina más simple que se haya inventado para la función de convertir energía eléctrica proveniente de una red de distribución, en energía mecánica bajo la forma de un movimiento giratorio. Por tal razón, es la más empleada. Frecuentemente se hace necesario estudiar su comportamiento acoplada a mecanismos diversos y este es precisamente el principal motivo de la presente obra. Para su lectura, conviene tener los conocimientos básicos de la teoría de las máquinas eléctricas, a fin de interpretar rápidamente el contenido que se presenta al lector.

prof. ing. Marcelo Antonio Sobrevila

IV

<u>**S**</u>**UGERENCIAS** <u>**IMPORTANTES**</u> **A TENER EN** <u>**CUENTA:**</u>

1- Para poder leer adecuadamente y con fluidez estos temas, debemos suponer que el lector tiene los conocimientos básicos de máquinas eléctricas (*).
2- Para los dibujos, se emplean preferentemente las normas argentinas IRAM, sin descartar el uso de otras normas cuando resulta más conveniente.

(*) Puede consultarse Capítulo 5 de "Máquinas Eléctricas, Nivel Inicial", por M. A. Sobrevila, Librería y Editorial Alsina, Buenos Aires, Argentina, 2000.

INDICE GENERAL

PRINCIPIO DE FUNCIONAMIENTO Y FORMAS CONSTRUCTIVAS

En la figura 1 mostramos el estator de un motor asincrónico trifásico, por medio de una sección normal al eje de giro. En dicha figura no se ha dibujado todavía el rotor del motor. Sabemos por el estudio de la teoría de estos motores, que cuando al bobinado del estator se le aplica un sistema de corrientes trifásicas, simétrico y equilibrado, del tipo *"perfecto"*, este sistema de corrientes produce un **campo rotante**. En ese dibujo se ven las canaletas del estator, con los conductores que contienen.

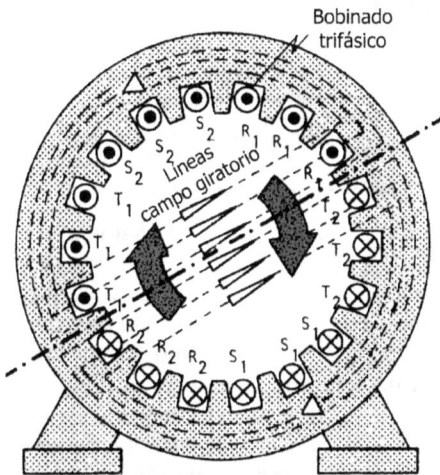

Fig. 1 Estator del motor asincrónico trifásico (sin el rotor)

En la figura 2 podemos apreciar, a la izquierda, el mismo bobinado del estator desarrollado, pero ahora dibujado sobre un plano. A la derecha, tenemos la gráfica de las corrientes del sistema trifásico que circula por los conductores del bobinado.

Si se toman los valores de las corrientes en un instante dado (la vertical del dibujo de la derecha), se pueden determinar los sentidos y valores de corrientes en cada conductor del bobinado de la izquierda, para ese instante. Vemos que los sentidos constituyen un grupo con las corrientes hacia arriba y otro grupo hacia abajo (entrantes y salientes en figura 1). Esta distribución de las corrientes origina líneas de campo que

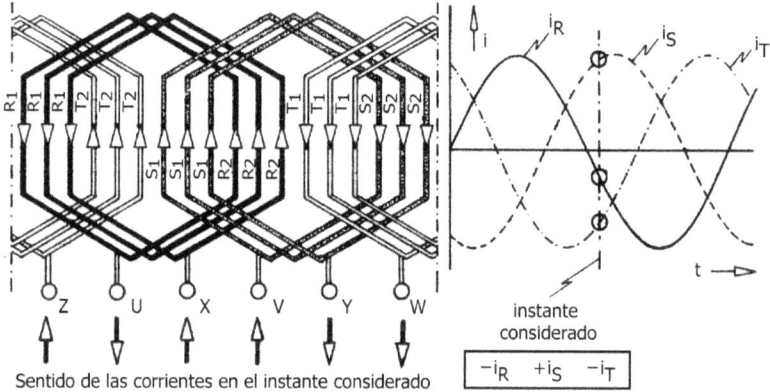

Fig. 2 Bobinado desarrollado y corrientes aplicadas

producen dos polos magnéticos, porque el conjunto se asemeja a una bobina. Esto se aprecia en la figura 1 y es el campo que deseamos estudiar. Pero si tomamos a continuación los valores de corriente para otro instante algo después en el tiempo (no dibujado), los valores de las corrientes no serán los mismos y aparecerán todos como *"desplazados"* sobre el bobinado. Por lo tanto, a medida que transcurre el tiempo, las corrientes aparecen como moviéndose en el espacio interior del estator y

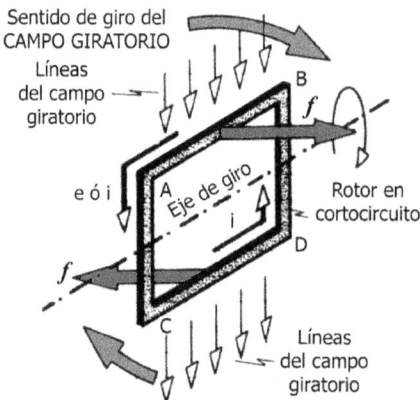

Fig. 3 Rotor elemental en corto circuito

eso es lo que se denomina **campo rotante**. En consecuencia, si a un estator se le aplica un sistema trifásico perfecto de corrientes, se produce un campo giratorio cuyos efectos se aprovechan. Este campo rotante gira a una velocidad constante que depende de la frecuencia de la red trifásica y que se denomina **velocidad sincrónica** o **velocidad de sincronismo** cuyo valor veremos en el capítulo siguiente.

Los motores asicrónicos trifásicos se construyen con rotores de dos tipos como enseguida describiremos. En la figura 3 tenemos el croquis de un rotor elemental de los llamados **en corto circuito** o también, **rotor jaula**.

Si colocamos este artificio sujeto a un eje de giro, dentro del estator de figura 1, se verá sometido al campo rotante del mismo. Si esa espira en corto está detenida, el flujo magnético estará variando dentro de ella y en consecuencia, por ley de Faraday, se producirán fuerzas electromotrices inducidas **e** y, consecuentemente, corrientes inducidas **i** porque el circuito eléctrico está cerrado. Los sentidos de las corrientes inducidas se determinan fácilmente por medio de las conocidas reglas prácticas de la mano derecha o de los tres dedos. En la figura tenemos esos sentidos. Pero aparece a su vez otro fenómeno. Una corriente sometida a un campo magnético se ve solicitada por una fuerza ponderomotriz **f** . Nótese que las dos fuerzas **f** , una actuando en cada lado de la espira de este rotor elemental, forman una **cupla motora** o **par motor**.

Por causa de esta cupla el rotor tiende a girar y cuando mas velozmente lo hace, menor es la variación de flujo magnético dentro del circuito en corto. Si alcanza la misma velocidad que el campo rotante, no habrá variación de flujo, ni fuerza electromotriz inducida, ni corriente alguna y por lo tanto, tampoco habrá cupla motora. Se desprende de esto que para que ese motor disponga de cupla motora, es menester que la velocidad del rotor sea algo inferior a la del campo rotante. Esa diferencia se llama **resbalamiento** o **deslizamiento** y veremos su valor en el capítulo que sigue.

Pero también se fabrican estos motores con otro tipo de rotor, como ilustramos por medio del dibujo de figura 4 y que se llama **rotor bobinado** o **rotor con anillos**.

En este caso, la espira no está cerrada en corto circuito sobre sí misma, sino que sus terminales llegan a dos anillos aislados del eje pero solidarios al mismo, sobre los que se apoyan dos carbones o escobillas al estator. Este sistema de contactos móviles permite vincular al circuito interno del rotor con medios externos, como por ejemplo, adecuados

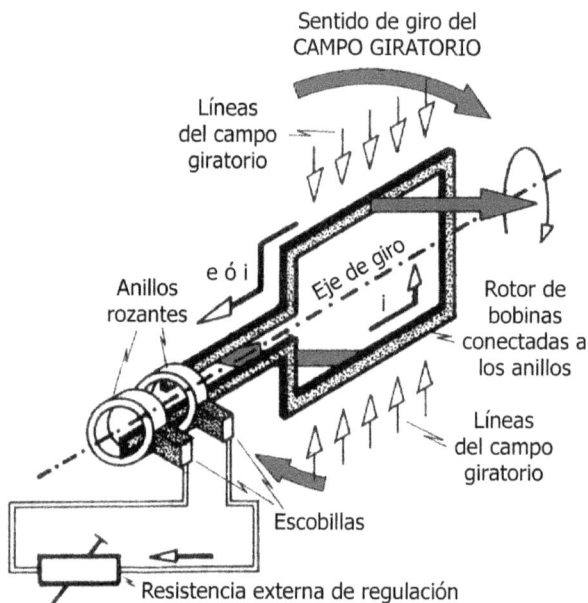

Fig. 4 Rotor elemental de una sola espira con anillos

resistores. Variando los valores de esos resistores externos al motor, se pueden modificar las condiciones de funcionamiento del motor.

Como se comprende, los rotores prácticos no pueden ser tan simples como los modelos de las figuras 3 y 4, y deben tener varias espiras en vez de una sola, para lograr adecuados valores de la cupla motora. Por esto, los rotores de los motores comunes presentan el aspecto de las figuras 5 y 6.

El aspecto exterior de estos motores es el de la figura 7. La industria, por diversos requerimientos, demanda motores bajo diversas formas constructivas, como podemos apreciar en la figura 8

La industria ha normalizado estos motores ajustándose a diversas normas que mas adelante citaremos en el Tema 13.

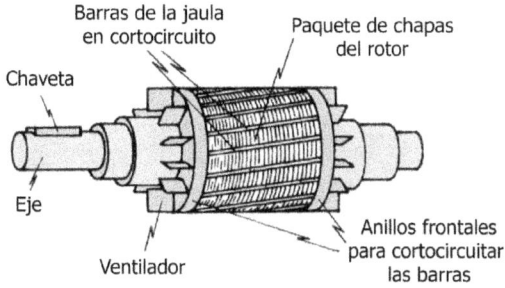

Fig. 5 Rotor en corto circuito o jaula

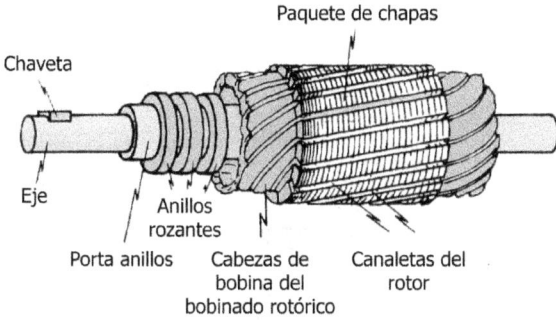

Fig. 6 Rotor bobinado con anillos

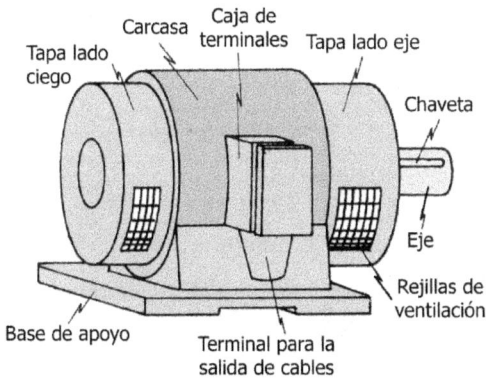

*Fig. 7
Aspecto exterior
de un motor
estándar*

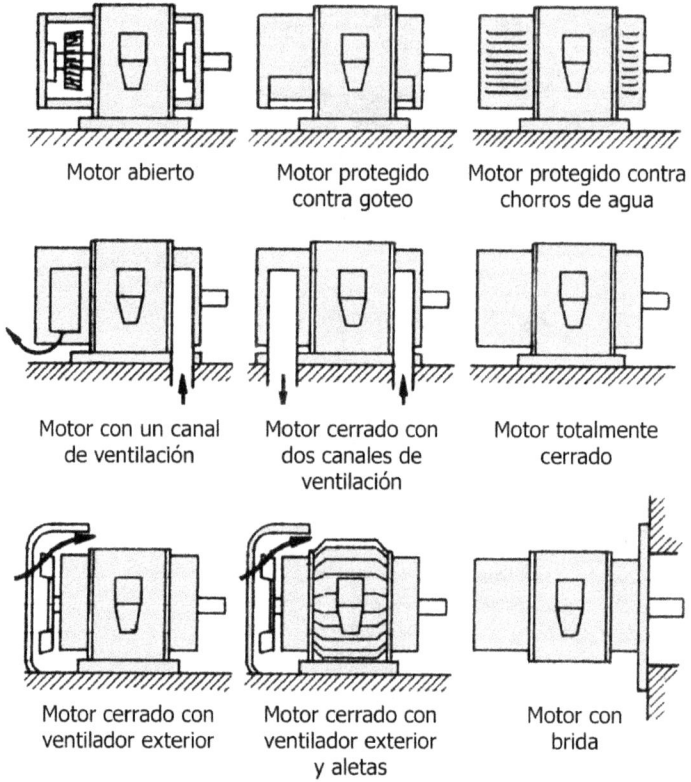

| Motor abierto | Motor protegido contra goteo | Motor protegido contra chorros de agua |

| Motor con un canal de ventilación | Motor cerrado con dos canales de ventilación | Motor totalmente cerrado |

| Motor cerrado con ventilador exterior | Motor cerrado con ventilador exterior y aletas | Motor con brida |

Fig. 8 Formas constructivas de motores

TEMA 2

Conforme se estudia en la teoría de estas máquinas, la velocidad de rotación del campo rotante para estos motores se puede expresar por medio de la fórmula:

$$N_s = \frac{60\,f}{p} = \frac{120\,f}{P} \tag{1}$$

siendo: N_s = velocidad sincrónica del campo rotante, expresada en *Revoluciones por Minuto (RPM)*

f = frecuencia de las corrientes de la red eléctrica, medida en *Hertz (Hz)*

p = número de pares de polos del bobinado del estator, expresado por medio de un *número adimensional*

P = número de polos del bobinado del estator = **2 p**, expresado por medio de un *número adimensional*

Tanto el número de pares de polos **p** como el número de polos **P**, dependen de la forma constructiva del bobinado y de la disposición de los conductores de las bobinas en las ranuras disponibles del estator.

El rotor siempre debe marchar a una velocidad menor que la del campo rotante, para dar lugar a que haya variación de flujo en las bobinas del rotor y de esa forma se produzcan las corrientes inducidas y las correspondientes fuerzas que originan la cupla. A esa diferencia de velocidades entre el campo rotante y el rotor hemos dicho se llama **resbalamiento** o también **deslizamiento** y se la expresa por medio de la siguiente fórmula:

$$s = \frac{N_s - N}{N_s}\,100 \tag{2}$$

donde: **s** = resbalamiento o deslizamiento, expresado en *Porcientos (%)*

N_S = velocidad sincrónica del campo rotante del estator,
   expresada en *Revoluciones por Minuto (RPM)*

N = velocidad del rotor,
   expresada en *Revoluciones por Minuto (RPM)*

La condición necesaria de funcionamiento es que $N_S > N$ y la velocidad extraída de la fórmula nos resulta:

$$N = N_s - s\,N_s = (1 - s)\,N_s = (1 - s)\,\frac{60\,f}{p} \qquad (3)$$

La velocidad relativa entre campo rotante y rotor, resulta también:

$$N_R = N_s - N = s\,N_s = s\,\frac{60\,f}{p} \qquad (4)$$

TEMA 3

SÍMBOLOS, ESQUEMAS ELÉCTRICOS y PLACAS DE BORNES

En este texto vamos a emplear para los dibujos dos formas normalizadas de representación, a saber;

Representación polifilar o **completa**

En ella, se dibujan todos los conductores existentes en una conexión.

Representación unifilar o **unipolar**

En ella se dibuja con un solo trazo simbólico a la totalidad de los conductores existentes y se cortan esos trazos con otros mas pequeños en diagonal, que indican cuantos conductores contiene el trazo principal.

En la figura 9 mostramos, conforme **Normas IRAM** (Instituto Argentino de Racionalización de Materiales), un motor con rotor en corto circuito (jaula) y un motor con rotor bobinado (con anillos). En la parte izquierda, por el método polifilar y en la derecha, por el unifilar.

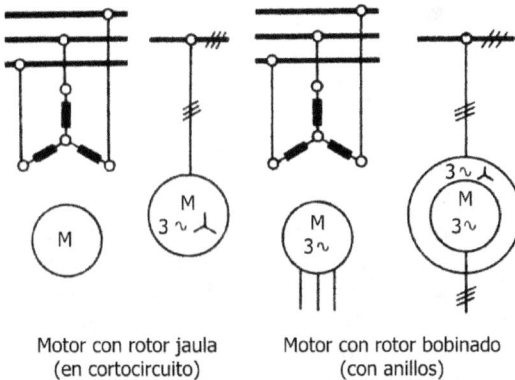

Motor con rotor jaula   Motor con rotor bobinado
(en cortocircuito)   (con anillos)

Fig. 9 Símbolos conforme normas argentinas IRAM (2010)

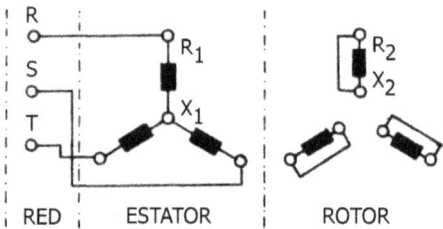

Fig. 10 Esquema eléctrico de un motor con rotor jaula

Si deseamos representar mas en detalle ambos tipos de motores, podemos dibujar los esquemas eléctricos completos de los mismos. En el tipo rotor con anillos es fácil, pero en el tipo jaula puede haber dudas, dado que no hay *"bobinas definidas"* en el rotor. Pero como se estudia en la teoría de estas máquinas, se acepta para el estudio que hay tres bobinas ficticias en corto circuito, todo lo que explica la forma de representación adoptada en figura 10. En la figura 11 tenemos el motor con rotor bobinado, en que el valor R_2 es la resistencia de una fase completa del circuito del rotor, compuesta por R'_2 que es la resistencia interna propia de una fase del rotor y R_A la resistencia exterior que se le conecta para regular el valor total.

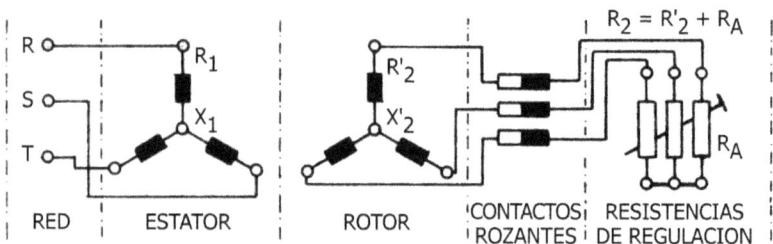

Fig. 11 Esquema eléctrico de un motor con anillos

Todos los motores -y en general, todas las máquinas eléctricas- tienen una **placa de bornes**, o **terminal de conexiones** o simplemente **bornera**, que es el lugar hasta donde llegan los conductores desde el interior de la máquina, para poder hacer las conexiones o empalmes con la instalación general. Esos terminales se llaman **bornes**. En la figura 12 mostramos un motor con rotor jaula y su placa de bornes. Las primeras letras **U V W** corresponden a los **principios de fase**, mientras que **X Y Z** son los **finales de fase**.

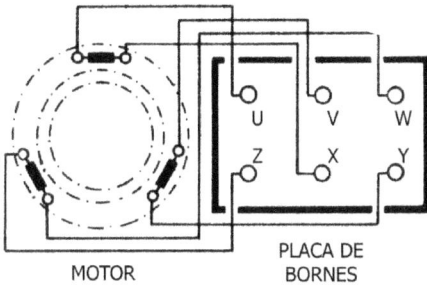

Fig. 12 Placa de bornes de un motor con rotor jaula

Hacemos notar que esta denominación de los terminales es la indicada por las normas IRAM y también señalamos que la *"disposición"* podría aparecer como poco lógica, pero no es así. Por ejemplo, **U** - **X**, por pertenecer a una misma fase, parecería mas lógico que estuvieran alineados y no en diagonal. Del mismo modo, los restantes pares **V-Y** y **W-Z**. Pero ello obedece a una razón práctica. Como las fases -en muchos casos- deben poderse conectar en estrella o en triángulo, indistintamente, conviene disponer los terminales en esa forma, para facilitar los empalmes en forma mas sencilla. En el tema siguiente lo veremos mejor.

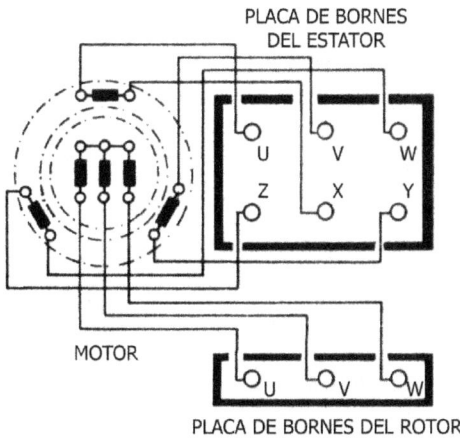

Fig. 13 Placas de bornes de un motor con anillos

En la figura 13 tenemos la placa de bornes de un motor con rotor bobinado.

CONEXIÓN A LA RED Y SENTIDO DE GIRO

En el tema anterior hemos visto - por medio de las figuras 12 y 13 - la placa de bornes de los motores asincrónicos trifásicos. Examinaremos ahora como se conectan esos terminales a las redes eléctricas, con ayuda de las figuras 14 y 15.

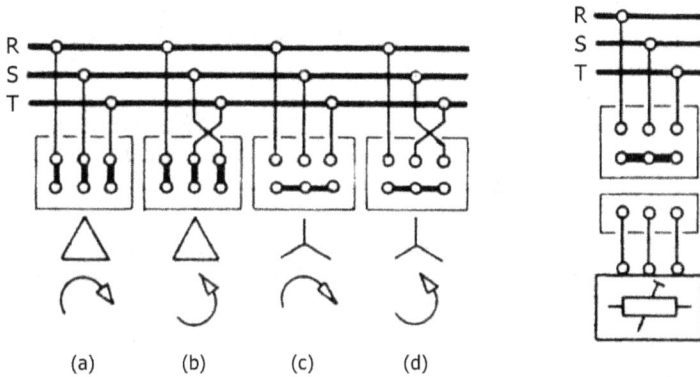

(a)   (b)   (c)   (d)

Fig. 14 Conexión a la red de un motor con rotor jaula y cambio de sentido de giro

Fig.15 Conexión a la red de un motor con rotor bobinado

En el primer dibujo de la izquierda en figura 14, señalado con (a), los terminales **U V W** se conectan a los puntos **R S T** de la red trifilar. Nótese particularmente que a su vez, en la placa de bornes, se han unido **U** con **Z**, **V** con **X** y **W** con **Y**. Con esta última providencia, el motor queda con sus bobinados del estator **en triángulo**. Esos puntos son los vértices del triángulo, que unidos a **R S** y **T**, hacen que si el motor está fabricado conforme a normas, debe **girar a la derecha**, visto mirando al eje desde el lado del acoplamiento al otro mecanismo.

En la misma figura, señalado con (b), hemos **permutado dos de sus terminales tomados al azar**. Al hacer esto, lo que hemos cambiado es la **secuencia de alimentación** y con ello hemos cambiado el sentido de giro del campo rotante. Hemos modificado el orden en que las fases de la red ingresan a la máquina y con ello hemos alterado el orden en que se producen los fenómenos electromagnéticos en el estator. Por esa causa, *gira a la izquierda*. Por lo tanto, en términos generales, para cambiar el sentido de giro de un motor asincrónico trifásico, *solo es menester permutar dos fases de la alimentación, tomadas al azar.*

En el tercer dibujo señalado con (c), unimos en la placa de bornes los puntos **Z X Y**, con lo que hemos constituido en ese punto, el neutro de la *conexión estrella*, en los bobinados del estator. Conectando **U** con **R**, **V** con **S** y **W** con **T**, el motor queda en estrella y *gira a la derecha* conforme normas.

En el cuarto dibujo señalado con (d), el motor está en *conexión estrella* a la red. Permutado dos cualesquiera de las fases **R S T**, hemos cambiado la secuencia y *gira la izquierda*.

En relación con las conexiones en estrella y triángulo, es conveniente explicar algo importante. Si un motor está concebido para funcionar con una *tensión de 220 Volt en cada fase del bobinado del estator*, es evidente que se lo puede conectar de las dos siguientes formas:

- en *triángulo* a una red de **3 x 220** Volt, o
- en *estrella* a una red de **3 x 380** Volt.

Esto se debe a que $380 = \sqrt{3} \times 220$ y muchas veces, esos valores vienen escritos en la *placa de características*, que es la chapa que indica los principales datos de funcionamiento de una máquina. Esto también suele encontrarse en la documentación que se entrega con el motor, lo que se conoce como las *especificaciones técnicas*.

Por esta causa, cuando un motor tiene disponibles en su placa de bornes los seis terminales **U V W X Y Z**, se lo puede conectar en triángulo o en estrella, pero a redes de tensión adecuada a cada circunstancia. Tomemos dos ejemplos:

- *Motor que en su placa de características indica:* **220 / 380 Volt**
  Puede funcionar en *triángulo* sobre una red de **3 x 220 Volt**
  Puede funcionar en *estrella* sobre una red de **3 x 380 Volt**

- *Motor que en su placa de características indica:* **380 / 660 Volt**
  Puede funcionar en **triángulo** sobre una red de **3 x 380 Volt**
  Puede funcionar en **estrella** sobre una red de **3 x 660 Volt**

Si bien las redes de 3 x 660 Volt no son normales, esta última forma de notación indica que el motor puede hacer su arranque mediante la conexión llamada *estrella-triángulo*. Veremos esto mas adelante en el Tema 18.

En la figura 15 tenemos las conexiones del motor con anillos (rotor bobinado), que no requiere mayor explicación observando el dibujo.

TEMA 5

Conforme la norma IRAM 2223/70, podemos repasar definiciones primarias que es conveniente recordar.

Régimen: conjunto de características eléctricas y mecánicas que identifican el funcionamiento de una máquina rotativa en un instante dado.

Régimen nominal: es el conjunto de condiciones de funcionamiento para las cuales ha sido construida la máquina; comprende la tensión, la potencia útil, la clase de servicio a que se piensa someter, la intensidad de la corriente admisible, el factor de potencia con que ha de funcionar, la velocidad, etc.

Valor nominal de una magnitud: valor numérico de la magnitud en la definición de *"Servicio Nominal"*.

Servicio Nominal: conjunto de valores numéricos de los generadores eléctricos y motores mecánicos, en un orden de sucesión en el tiempo, atribuidos a la máquina por el fabricante y establecidos en su placa de características y que cumplen con las condiciones especificadas. La duración puede ser indicada como un término de calificación.

Potencia nominal: es la potencia que la máquina puede desarrollar, cuando las restantes condiciones son las nominales, sin que los órganos diversos alcancen o sobrepasen las correspondientes temperaturas límites.

Potencia absorbida: la que toman los generadores en el eje, los motores en los bornes y los convertidores sincrónicos en los bornes primarios.

Potencia útil: la disponible en los bornes de los generadores, en el eje de los motores o en bornes secundarios de los convertidores sincrónicos.

Rendimiento: relación de la potencia útil a la absorbida.

Frente a estas definiciones de las normas, en la figura 16 mostramos la silueta de un conjunto **moto-bomba** y en la figura 17 el esquema eléctrico unifilar de ese equipo. A la bomba -como mecanismo impulsado o arrastrado- lo representamos en ese dibujo conforme normas italianas CEI. Con esa ilustración examinamos los principales componentes de un **accionamiento**, para referirnos luego a ellos.

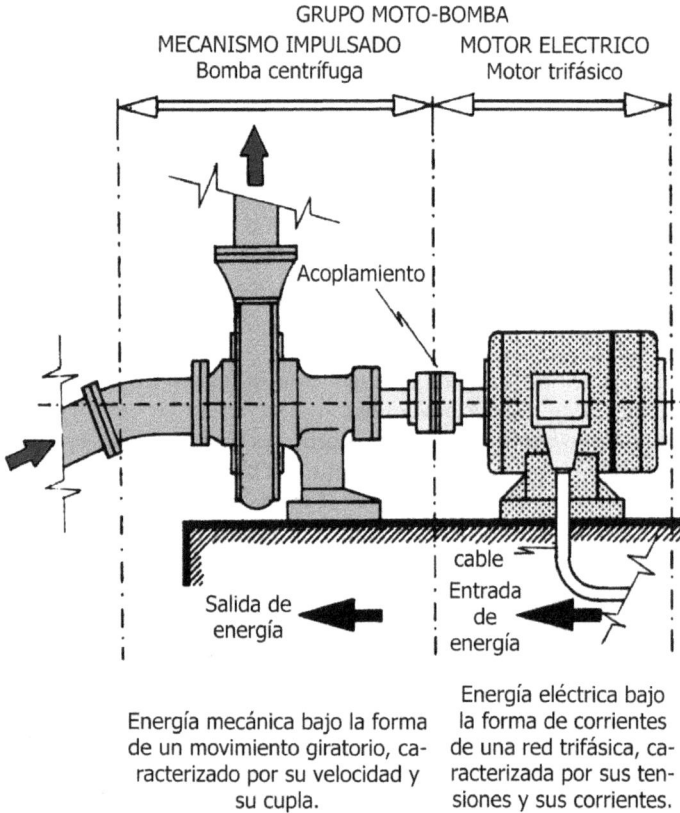

GRUPO MOTO-BOMBA

MECANISMO IMPULSADO	MOTOR ELECTRICO
Bomba centrífuga	Motor trifásico

Acoplamiento

cable

Salida de energía

Entrada de energía

Energía mecánica bajo la forma de un movimiento giratorio, caracterizado por su velocidad y su cupla.	Energía eléctrica bajo la forma de corrientes de una red trifásica, caracterizada por sus tensiones y sus corrientes.

Fig. 16 Silueta de un equipo de bombeo de agua

El rendimiento, recordemos, que se expresa mediante las fórmulas:

$$Rendimiento = \frac{Potencia\ útil}{Potencia\ absorbida} = \eta \qquad \textbf{(5a)}$$

Red de energía eléctrica trifilar

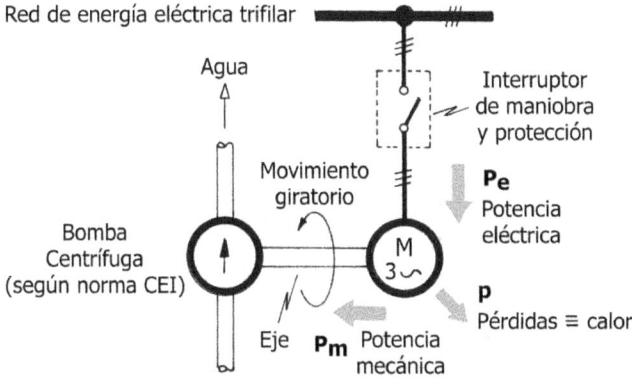

Fig. 17 Motor eléctrico accionando una bomba hidráulica

$$\eta = \frac{P_u}{P_a} \times 100 = \frac{P_a - p}{P_a} \times 100 = 1 - \frac{p}{P_u + p} \times 100 \qquad \textbf{(5b)}$$

donde: η = rendimiento expresado en *Porciento (%)*
  P_a = potencia absorbida (eléctrica) expresada en *Watt (W)*
  P_u = potencia útil (mecánica) expresada en *Watt (W)*
  p = potencia de pérdidas, expresada en *Watt (W)*

Los *motores asincrónicos trifásicos* -como toda máquina eléctrica rotativa- tienen pérdidas que podemos recordar se componen de:

Pérdidas Magnéticas, compuestas por las pérdidas por histéresis y por corrientes parásitas en los circuitos magnéticos sometidos a flujo variable.

Pérdidas Eléctricas, compuestas por el calor generado por efecto Joule en los bobinados recorridos por corrientes eléctricas.

Pérdidas Mecánicas, compuestas por los rozamientos en cojinetes, fricción de las partes móviles con el aire y otras menores.

El rendimiento en las máquinas que estamos tratando, suele oscilar entre valores del 80% al 98%, correspondiendo las cantidades altas para las máquinas grandes. En cuanto a las unidades usuales, conviene recordar las siguientes equivalencias:

$$1 \text{ Caballo Vapor (CV)} = 75 \ \frac{kilogramo\text{-}metro}{segundo} = 735 \ Watt \ (W) = \textbf{(6)}$$

$$= 0,735 \ kiloWatt$$

$$1 \text{ Horse Power (HP)} = 550 \ \frac{libra\text{-}pie}{segundo} = 746 \ Watt \ (W) = \qquad \textbf{(7)}$$

$$= 0,746 \ kiloWatt \ (kW)$$

El *Caballo Vapor (CV)* es la unidad en el sistema métrico decimal, mientras que el *Horse Power (HP)* lo es en el sistema inglés de medidas, ambas para medir las potencias mecánicas.

FORMAS DE ACOPLAMIENTO A LAS CARGAS MECÁNICAS

Los motores eléctricos se acoplan mecánicamente a equipos de muy diversa naturaleza, según sean las características y requerimientos de los mismos y la vinculación se hace por medio de un empalme entre el *eje del motor* y el *eje del mecanismo conducido*. Los acoplamientos son directos cuando la velocidad del mecanismo arrastrado debe ser igual a la del motor y de carácter permanente. En otros casos, el acoplamiento que se interpone entre el motor y el mecanismo conducido cumple además la función de adaptador de velocidad o controlador de la misma. También hay acoplamientos llamados embragues, en que la unión es de carácter móvil, dado que se puede incluir o anular. Sin pretender agotar el tema, presentamos ahora algunos tipos muy frecuentes de acoplamiento.

Los acoplamientos se pueden clasificar en tres tipos principales:

Directos: no pretenden modificar la velocidad y, con ello, la cupla En algunos casos, admiten cierta elasticidad o un acoplamiento que permite desvincular al motor del mecanismo conducido, a voluntad.

Transmisiones: Elevan - o más corrientemente - disminuyen la velocidad del motor para adaptarla a la necesaria en el mecanismo conducido.

Frenos: desaceleran o anulan el movimiento en escaso tiempo, e inclusive, producen la detención en posiciones determinadas.

En la figura 18 mostramos un acoplamiento directo rígido, compuesto en este caso por dos platos, bridas o semiacoples de fundición o acero que se asocian rígidamente entre sí por medio de tornillos y tuercas. En la terminología de taller, los platos suelen llamarse "manchones". Las bridas se fijan, a su vez, a los respectivos ejes, por medio de chavetas u

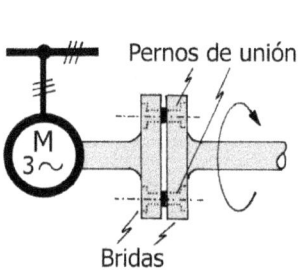

Fig. 18 Acoplamiento
directo rígido

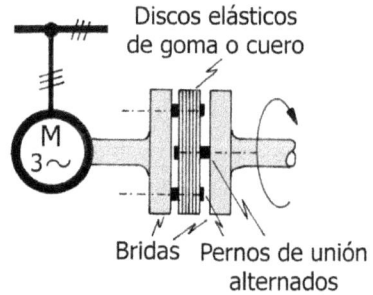

Fig. 19 Acoplamiento
directo semirígido

otros órganos de fijación. Cuando los ejes no están alienados y forman un cierto ángulo de hasta 45° como máximo, se pueden usar las llamadas *"uniones cardánicas"*, cuidando tener en cuenta que en esos tipos, la regularidad de la rotación tiene ciertas limitaciones, porque la velocidad no es uniforme.

Existen también acoplamientos elásticos o semirígidos en que, entre los dos semiacoples, se introduce un elemento elástico que permite un cierto desplazamiento angular transitorio, que vemos en el croquis de figura 19. Se logran colocando entre ambos semiacoples, adecuados discos de goma, bujes de goma en los pernos de fijación, segmentos de goma radiales o en forma de cruz, etc. El acoplamiento elástico se emplea cuando hay que unir ejes coaxiales que tienen variaciones bruscas de cupla, mitigando de ese modo las solicitaciones mecánicas que con el tiempo producirían roturas. Este tipo de acople permite, a su vez, condiciones de alineamiento menos rígidas ente el eje motor y el eje conducido. Este tipo de acoplamiento admite cierta tolerancia en el alineamiento de los ejes.

Existen acoplamientos directos hidráulicos, consistentes en un conjunto compacto y cerrado que transmite la cupla motora al mecanismo conducido por medio de álabes solidarios a los dos ejes, ambos vinculados mediante un fluido. Los acoplamientos hidráulicos permiten el arranque del motor, en las mismas condiciones que si se encontrase sin carga, a pesar estar ella totalmente conectada. Elimina la transmisión de vibraciones y provoca un arranque suave y progresivo, aunque en marcha debe admitirse un cierto resbalamiento del orden del 2%.

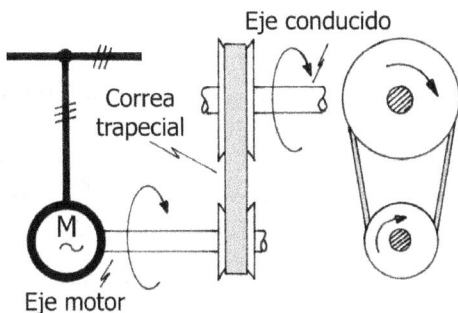

Fig. 20 Acoplamiento mediante poleas y correas trapeciales (en "V")

En figura 20 dibujamos un acoplamiento mediante poleas y correas, que pueden ser planas o trapeciales, ésta últimas también llamadas "en V". En este tipo de transmisión a correa simple plana se admite que se produce un cierto resbalamiento del orden del 3%, que se reduce introduciendo elementos tensores en alguna de las dos poleas, que modifican ligeramente la distancia entre ejes. Por esta causa, es admisible en estos acoplamientos que la cantidad de vueltas dadas en un cierto tiempo por el eje motor, no es la misma que la dada por el eje conducido. En las correas trapeciales el resbalamiento es prácticamente nulo. Las correas son de cuero e inclusive, pueden ser dentadas. Este sistema se usan preferentemente en ejes horizontales y demanda un espacio razonable para su instalación.

En figura 21 tenemos un acoplamiento por medio de caja de engranajes, que permiten reducir sensiblemente la velocidad o inclusive, efectuar cambios de velocidad deteniendo al conjunto, en acoplamientos mas complicados. Tal es el caso de muchos accionamientos para máquinas-herramientas como la llamada *"Caja Norton"*. Los cambios de velocidad pueden

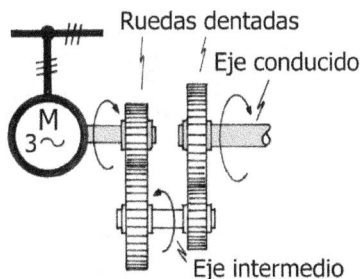

Fig. 21 Acoplamiento simple mediante caja reductora de velocidad

hacerse repentinamente o en forma gradual, requiriéndose en muchos casos el auxilio de embragues. Los acoplamientos por medio de engranajes permiten gran variedad de soluciones, dado que se admiten para los ejes motor y conducido, diversos ángulos. Los engranajes pueden ser cilíndricos de dientes rectos (comunes), cónicos, helicoidales, hipoidales y con tornillo sin fin.

Tanto en los casos de acoplamientos a correa como acoplamientos a engranajes, se produce un cambio de velocidad ente el eje motor y el eje conducido. Este cambio depende, en un caso del diámetro de las poleas y en otro, del número dientes de las ruedas dentadas. La conocida fórmula es la siguiente:

$$k = relación\ de\ transmisión = \frac{velocidad\ del\ eje\ motor}{velocidad\ del\ eje\ conducido} \quad (8)$$

En figura 22 se dibujó un acoplamiento móvil que convierte un movimiento giratorio en un movimiento lineal, por medio de un tornillo sin fin. Este sistema debe - necesariamente - contar con *"interruptores de fin de carrera"*, para detener el motor cuando la pieza desplazable llega a sus límites.

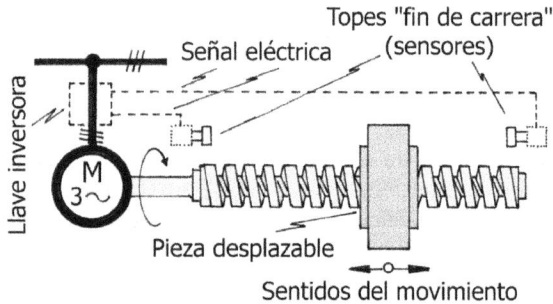

Fig. 22 Acoplamiento por tornillo sin fin

Finalmente, en figura 23 ilustramos esquemáticamente un acoplamiento móvil del tipo de conos de fricción, lo que usualmente se denomina embrague. Una parte es fija al eje motor y la otra es móvil vinculada al eje conducido. Permite acoplar o desacoplar el eje motor con el eje conducido a voluntad y en forma gradual. Se logran así arranques suaves o a tiempos prefijados y también se evita el sobredimensionado del motor cuando se requieren arranques muy frecuentes. Los embragues pueden ser a fricción, dentados o magnéticos. Algunos tienen capacidad para *"resbalar"* cuando se supera la capacidad de transmisión. Hay de tipo cónico, a discos, etc. Notemos que cuando se coloca un acoplamiento que no es directo, interviene el rendimiento del mecanismo intermedio, que si bien tiene valores altos, en algunos casos, debe considerarse.

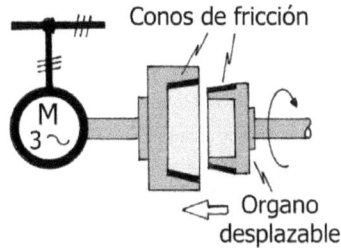

Fig. 23 Acoplamiento móvil

TEMA 7

CURVAS CARACTERÍSTICAS AGRUPADAS

La característica mas significativa de los motores accionadores que estamos tratando, es la que representa a la velocidad en función de la cupla producida, es decir, la función:

$$Velocidad\ de\ rotación = función\ de\ la\ cupla\ desarrollada\ en\ el\ eje$$
$$N = f(C) \tag{9}$$

En la ingeniería eléctrica encontramos diversos tipos de motores, cada uno con sus particularidades. En la figura 24 mostramos en un solo gráfico, las características velocidad en función de la cupla, $N = f(C)$ de varios motores. Para compararlos se los hizo coincidir en las condiciones nominales de velocidad y cupla.

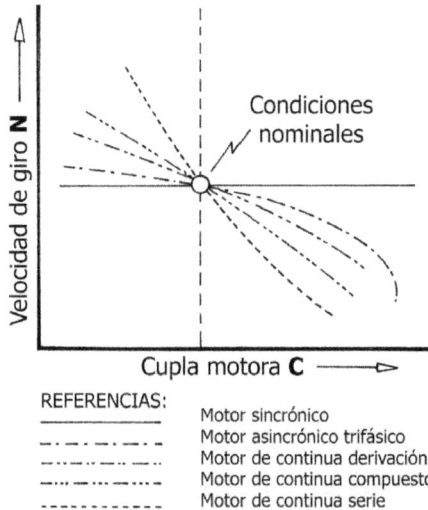

Fig. 24 Curvas características de diversos motores

El motor sincrónico es de velocidad rigurosamente constante. No puede funcionar a otra velocidad que no sea la de sincronismo entre el campo rotante del estator y el rotor. Al cargarlo a descargarlo, mecánicamente, varía ligeramente y por un período muy breve su velocidad, para restablecer enseguida su régimen y continuar con velocidad rigurosamente constante. Por ello, se dice que tiene una **característica dura**.

En el otro extremo tenemos al motor de corriente continua excitado en serie, en que la velocidad decrece sensiblemente, cuando se le solicita cupla o par motor. Se dice por ello que es de **característica blanda**. Entre ambos extremos tenemos todos los otros tipos de motores eléctricos. Advertimos que el motor asincrónico trifásico, tiene una característica bastante dura. Varía un poco su velocidad al exigirle cupla (carga), pero en cantidades que oscilan entre el 5% y el 20%, conforme sean sus características de diseño y dimensionado, asunto que está normalizado y que veremos en un tema posterior.

CRITERIOS DE ALIMENTACIÓN

Vamos a repasar los criterios con se pueden conectar los motores asincrónicos trifásicos a las redes eléctricas, sin entrar todavía en los detalles de protección o regulación. La mayor parte de los motores asincrónicos trifásicos de baja potencia, se conectan directamente a la red de alimentación trifilar que en Argentina es de 3 x 380 Volt y 50 Hertz, como ilustra la figura 25.

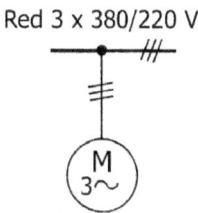

Red 3 x 380/220 V

Red 3 x 13.200 V

Transformador reductor

Fig. 25 Alimentación directa a la red de baja tensión

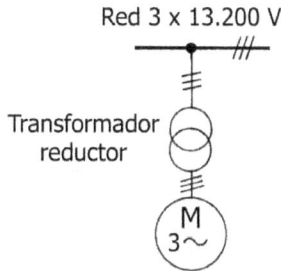

Fig. 26 Alimentación desde una red de media tensión mediante transformador reductor

Cuando la potencia es mas elevada, los motores importantes se acoplan a las redes de media tensión, por ejemplo, las redes de *3 x 13 200 Volt*. Para ello, requieren un transformador reductor de tensión como vemos en la figura 26. En la figura 27 vemos -esquemáticamente por medio de su circuito funcional- un motor asincrónico trifásico conectado a una red de alterna, pero provisto de un equipo electrónico que adapta las tensiones, o las frecuencias, o las dos cosas. Con un transformador trifásico se alimenta un rectificador de diodos controlados (tiristores) que transforma alterna en continua. Esa tensión continua se vuelve a convertir en alterna trifásica también por medio de diodos controlados, la que se aplica finalmente al motor que se desea regular. Por medio de un equipo electrónico de control que actúa sobre los electrodos de los tiristores, regulando la tensión y la frecuencia aplicada al motor.

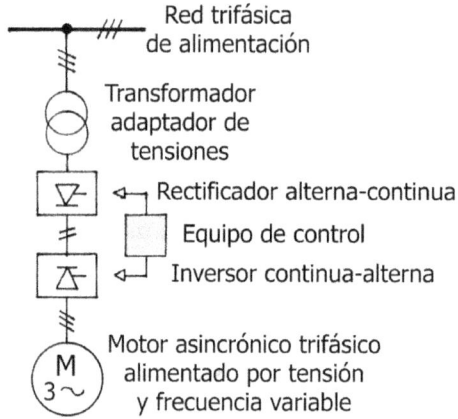

*Fig. 27 Alimentación desde una red de alterna,
por medio de un equipo adaptador*

Finalmente, en figura 28 tenemos la alimentación desde una red de corriente continua, caso que se presenta frecuentemente en los sistemas ferroviarios de tracción eléctrica.

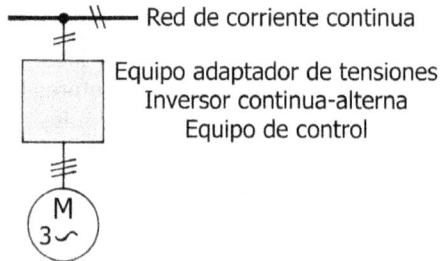

*Fig. 28 Alimentación desde una red de continua,
por medio de un equipo adaptador*

CORRIENTE NOMINAL Y CORRIENTE DE ARRANQUE

En régimen nominal, es decir, entregando su potencia nominal, un motor trifásico toma de la red la siguiente corriente:

$$I = \frac{P_a}{\sqrt{3} \ U \ cos \ \varphi} = \frac{\dfrac{P_u}{\eta}}{\sqrt{3} \ U \ cos \ \varphi} = \frac{P_u}{\sqrt{3} \ U \ cos \ \varphi \ \eta} \qquad \textbf{(10)}$$

donde:
I = corriente en *Ampere (A)*
P_a = potencia absorbida (eléctrica) en *Watt (W)*
P_u = potencia útil (mecánica) en *Watt (W)*
U = tensión de línea (compuesta) en *Volt (V)*
φ = ángulo de defasaje entre tensión y corriente, en *grados*
η = rendimiento. *Número adimensional*

Los motores asincrónicos trifásicos con rotor jaula, cuando arrancan conectándolos directamente a la red, toman en los instantes iniciales una corriente bastante superior a la nominal. Esto es un inconveniente, dado que obligaría a colocar protecciones eléctricas (fusibles o interruptores termomagnéticos) de una capacidad suficiente como para soportar esas condiciones iniciales, que solo duran unos segundos. Luego, en régimen nominal, esas protecciones resultarían poco eficientes.

La corriente en el momento inicial, llamada comunmente **corriente de arranque**, **corriente de puesta en marcha** o simplemente **corriente inicial**, suele ser del siguiente orden de magnitud:

$$5 \times I \le I_{ARRANQUE} \le 10 \times I \qquad \textbf{(11)}$$

Esto indica que en el momento del arranque -en el instante inicial de cerrar el interruptor cuando el motor está todavía detenido- la corriente puede tomar un valor máximo de *entre **5 y 10 veces la corriente nominal***. Frente a este problema, se han ideado sistemas de puesta en marcha.

FORMAS COMUNES DE CONTROL

Los parámetros que mas caracterizan a un motor son la velocidad de giro, la corriente tomada de la red y la cupla o par motor que entregan a la carga. Estos elementos se pueden controlar o regular -según se requiera- para lograr diversos propósitos. Examinaremos conceptualmente estas formas de control, por medio de los conocidos *"diagramas de bloques"*, en que no se entra en detalle de los mismos, sino en la **funcionalidad**.

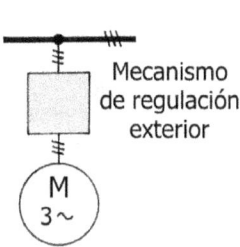

Fig. 29 *Control por medio de sistema exterior al motor*

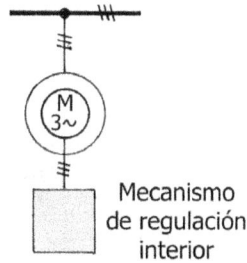

Fig. 30 *Control por medio de sistema interior del motor*

En la figura 29 tenemos que el sistema de control está a la entrada, es decir, actúa directamente sobre las cantidades eléctricas aplicadas al estator, por acción de un **equipo externo**. Este método se puede aplicar a cualquier tipo de motor, sea jaula o con anillos.

En la figura 30, en vez, la acción se hace sobre las cantidades eléctricas internas del rotor. Este método solo es admisible en los motores con rotor bobinado o con anillos, porque son los únicos que admiten regular un valor interno del rotor. Es un método que **actúa en base a la modificación de una cantidad interna**, como es la resistencia total del circuito del rotor.

En las figuras 31 tenemos el llamado **método de realimentación**, en el cual la acción de control se ejecuta por medio de la misma cantidad que se desea controlar, que convenientemente elaborada, se *"reinyecta"* al equipo que efectúa la acción. Estos sistemas son muy aptos para motores que deben funcionar a velocidad constante.

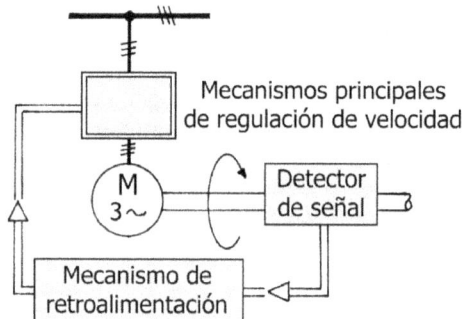

Fig. 31 Control automático de velocidad

Estos sistemas están provistos de adecuados **sensores** o **detectores**, vale decir, de elementos que emitan una señal eléctrica proporcional, sea a la velocidad u otra cantidad que se desea controlar. Esos sensores pueden ser de naturaleza mecánica, eléctrica, térmica, óptica y otras diversas. La **señal de control** emitida por el sensor se aplica a la entrada de un equipo electrónico que la elabora adecuadamente y la salida se inyecta en el equipo encargado de la acción principal.

CALENTAMIENTO DE MOTORES

En la figura 17 hemos indicado que al motor ingresa la potencia eléctrica (potencia absorbida) P_a y egresa la potencia mecánica (potencia útil) P_u. La diferencia es la potencia de pérdidas p, vale decir:

$$p = P_a - P_u \qquad (12)$$

Esta potencia, como no se emplea en nada útil, se transforma en calor que eleva la temperatura de los diversos órganos de la máquina. La cantidad de calor producida por las pérdidas se calcula con la Ley de Joule:

$$q = 0,239 \times 10^{-3} \ p \qquad (13)$$

donde: q = cantidad de calor en *kilocaloría por segundo (kC/s)* (*)
p = potencia de pérdidas en *Watt (W)*

El estudio térmico de las máquinas eléctricas se hace -conforme a normas- considerándola como un **cuerpo homogéneo**, es decir, un cuerpo único de un material promedio de todos los componentes. Las mismas consideraciones que se obtienen para el cuerpo homogéneo, se aplican también a cada una de sus partes, órganos o componentes.

Recurriendo a los tratados de Máquinas Eléctricas, obtenemos la fórmula que representa el **incremento de temperatura** θ de la máquina tomando como referencia la temperatura ambiente, en función del tiempo:

$$\theta = \theta_{mx} \left(1 - e^{-\frac{t}{T}} \right) \qquad (14)$$

donde: θ = incremento de temperatura, en *Grados Centígrados (ºC)*
θ_{mx} = incremento máximo alcanzado, en *Grados Centígrados (ºC)*
t = tiempo transcurrido, en *Segundos (s)*
T = constante de tiempo, en *Segundos (s)*

(*) *Si bien la unidad Caloría todavía se emplea frecuentemente, las normas aconsejan abandonar progresivamente su uso y utilizar en su lugar el Joule para la cantidad de calor.*

Cuando el tiempo es suficientemente grande como para que el incremento alcance prácticamente al incremento máximo, se dice que se logró el **equilibrio térmico**, y todo el calor producido por las pérdidas, es evacuado al medio ambiente por medio de las superficies exteriores del motor

La constante de tiempo **T** de la (14) es un valor que depende de las características de la máquina, sus formas constructivas, su tamaño, sus dimensiones y sus materiales. Si deseamos saber cual es la temperatura que la máquina (o uno de sus componentes) alcanza finalmente en cada instante, podemos hacerlo por medio de la siguiente:

$$\vartheta = \vartheta_a + \theta \qquad (15)$$

donde: ϑ = temperatura alcanzada, en *Grados Centígrados (°C)*
ϑ_a = temperatura ambiente, en *Grados Centígrados (°C)*
θ = incremento de temperatura, en *Grados Centígrados (°C)*

Si deseamos conocer la temperatura máxima alcanzada, lo hacemos con:

$$\vartheta_{mx} = \vartheta_a + \theta_{mx} \qquad (16)$$

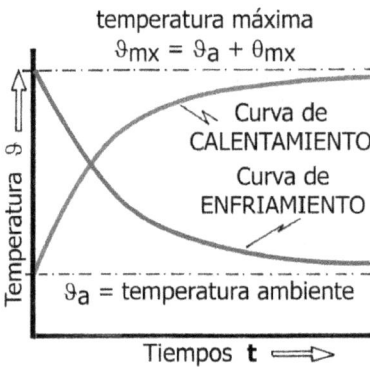

Fig. 32 *Curvas de calentamiento y enfriamiento*

En la figura 32 tenemos la llamada curva de calentamiento que representa a la ecuación (14). Si detenemos la máquina dejan de producirse las pérdidas y la máquina se enfría. La teoría nos indica que la ecuación en ese caso es:

$$\theta = \theta_{mx} \, e^{-\frac{t}{T}} \qquad (17)$$

En la figura 32 también dibujamos ésta última, observando que se trata de funciones exponenciales asintóticas, en un caso a la temperatura máxima y en el otro caso, a la temperatura ambiente.

El problema del calentamiento debe estudiarse a causa de los aislantes que tiene toda máquina. Históricamente, la industria ha tratado fabricar máquinas cada vez más livianas y de menor costo. Para ello ha debido disminuir el peso y la cantidad de materiales componentes. Pero esto último ha ocasionado máquinas cada vez más pequeñas y por ello, con superficies de evacuación del calor cada vez menores. Por esta causa, las temperaturas máximas de funcionamiento dadas por la (16) han ido aumentando con el tiempo.

Los aislantes empleados en las máquinas eléctricas para aislar los circuitos eléctricos, deben por ello responder a dos requerimientos importantes:

- Ser de naturaleza y espesores tales, que puedan soportar las tensiones eléctricas con un adecuado margen de seguridad.

- Soportar la temperatura máxima de funcionamiento (de servicio) sin disminuir sus cualidades dieléctricas y estructurales.

La experiencia y la investigación han demostrado que la **vida útil** de un aislante dependen de la **temperatura de servicio**, que es la dada por la fórmula (16), que ahora podemos mejorar en la siguiente forma:

$$\vartheta_L \geq \vartheta_{mx} = \vartheta_a + \theta_{mx} \qquad \textbf{(18)}$$

Al valor ϑ_L se lo denomina **temperatura límite** y conforme las normas, tiene valores como los indicados en figura 33.

Las curvas -dadas a modo de ejemplo en dicho gráfico- corresponden a tres tipos de aislantes. De la (18) podemos deducir que un motor, para asegurar una vida normal de sus aislantes (unos 20 años, en la práctica), se debe cumplir:

Temperatura límite = Temperatura máxima a régimen nominal

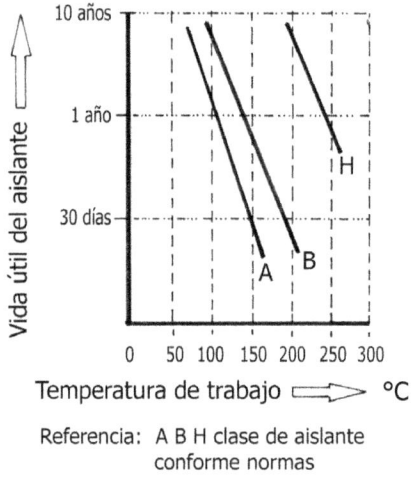

Referencia: A B H clase de aislante
conforme normas

*Fig. 33 Vida útil de los aislantes en función
de la temperatura de trabajo*

CAPACIDAD DE SOBRECARGA
Y RÉGIMEN DE SERVICIO

Como terminamos de ver, todo motor tiene - de acuerdo a los aislantes empleados en su fabricación - una temperatura que no debe sobrepasar. Pero ello no impide que el motor funcione a potencias algo superiores a su potencia nominal, a condición que no lo haga en forma continua. Esto significa que podemos emplear la máquina por períodos cortos hasta alanzar la temperatura máxima permitida, detenerlo y dejar que se enfríe hasta la temperatura ambiente, para repetir el ciclo. Esto lo veremos en el tema 13 siguiente.

Para estudiar este asunto veamos la figura 34, que representa a las diversas curvas de calentamiento de una máquina, sometida a potencias diferentes y crecientes.

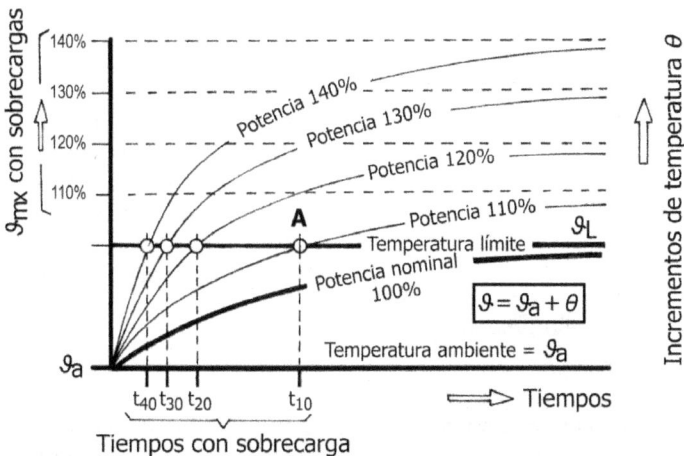

Fig. 34 Máquina funcionando con diversos regímenes de carga

Para el **régimen nominal** (100 % de carga), la curva de calentamiento es **asintótica a la temperatura límite**. Por lo tanto, no la sobrepasa y puede funcionar así en forma indefinida. Pero si hacemos trabajar al motor con una **sobrecarga**, las curvas de calentamiento son algo más elevadas. Esto se puede demostrar teóricamente. Por ejemplo, para una sobrecarga del 10%, la curva de calentamiento intercepta a la temperatura límite en un punto marcado con **A**. Esto significa que, hasta el tiempo señalado con t_{10}, el motor puede trabajar con una sobrecarga del 10%.

De igual manera podemos determinar los tiempos para los cuales el motor alcanza la temperatura límite admitida, para diferentes cargas, como se ilustra en esa figura 34. Los tiempos son tanto menores, cuanto mayores son las sobrecargas. Con estos criterios, se puede dibujar la figura 35, que representa los tiempos en función de las cargas admitidas.

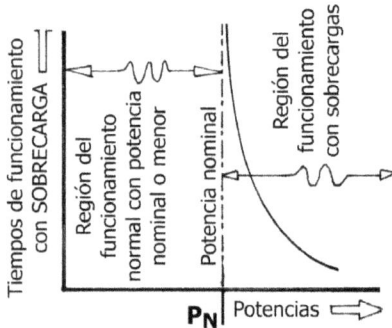

Fig. 35 Curva de sobrecargas de un motor

Resta decir que la capacidad de sobrecarga estudiada, se refiere a la tolerancia de sus aislantes en relación con la temperatura de servicio. Por supuesto que sobrecargar a un motor -exigirle mayor potencia que la nominal- implica cuidar otros aspectos, como disponer de elementos de conexión, regulación y arranque adecuados a ese mayor régimen y asegurarse que las mayores cargas serán admitidas por los órganos mecánicos de la máquina.

Estudiado el calentamiento en el tema anterior y la capacidad de sobrecarga en el presente tema, podemos abordar el problema del **régimen de servicio**, llamando así al régimen de trabajo a que se puede someter a un motor, sin comprometerlo. Las normas IRAM 2223/70 indican que:

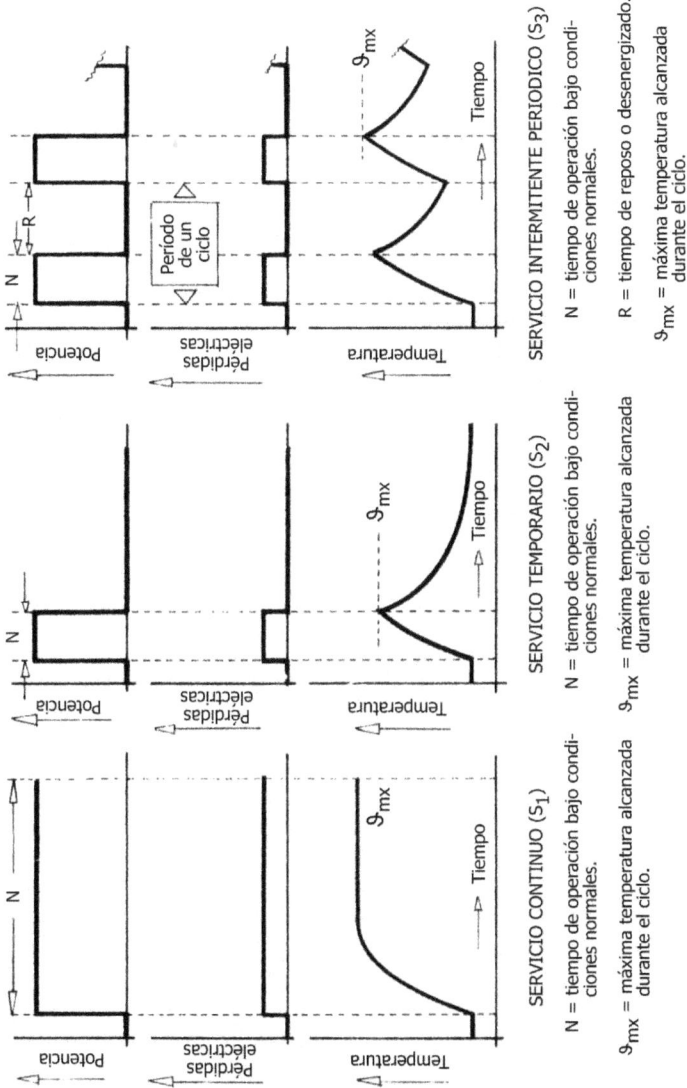

Fig. 36 Algunos tipos de servicio

SERVICIO CONTINUO (S_1)

N = tiempo de operación bajo condiciones normales.

ϑ_{mx} = máxima temperatura alcanzada durante el ciclo.

SERVICIO TEMPORARIO (S_2)

N = tiempo de operación bajo condiciones normales.

ϑ_{mx} = máxima temperatura alcanzada durante el ciclo.

SERVICIO INTERMITENTE PERIÓDICO (S_3)

N = tiempo de operación bajo condiciones normales.

R = tiempo de reposo o desenergizado.

ϑ_{mx} = máxima temperatura alcanzada durante el ciclo.

Régimen: conjunto de características eléctricas y mecánicas que identifican el funcionamiento de una máquina rotativa en un instante dado.

Por lo tanto y en base a esto, la norma establece diversos *tipos de servicio*. Nosotros trataremos aquí solo tres, los más significativos y comunes, recomendando consultar normas en caso de dudas. En base a esto dibujamos la figura 36. Las definiciones son las siguientes:

Servicio continuo: servicio que consiste en un funcionamiento a régimen constante, de una duración suficiente para que sea obtenido el equilibrio térmico. Se lo identifica con S_1.

Servicio temporario: servicio a régimen constante durante un tiempo determinado, menor que el requerido para alcanzar el equilibrio térmico, seguido de un tiempo de reposo y desenergización hasta alcanzar el equilibrio térmico con el medio de enfriamiento. Se lo identifica con S_2.

Servicio intermitente: servicio a régimen nominal, durante un lapso determinado, seguido de un lapso de reposo, también determinado, durante el cual su temperatura no desciende hasta alcanzar la del medio ambiente. Se lo identifica con S_3.

TEMA 13

NORMALIZACIÓN y CLASIFICACIÓN

La industria produce una gran cantidad de motores fabricados en serie, agrupados en muy diversas formas y tipos, según el uso para que se los destine, y conforme a normas muy estudiadas. Solo en casos muy particulares, produce motores *"bajo pedido"* para condiciones no típicas. Para la mayor parte de las aplicaciones, es posible encontrar motores de fabricación normalizada. Por ello, es aconsejable consultar la última edición de las normas que citamos a continuación.

Norma IRAM 2008	Norma IRAM 2231
Norma IRAM 2223	Norma NEMA nº 45-102
Norma CEI nº 34	Norma IRAM IAP 20-4
Norma VDE 0530/34	

Hemos dicho mas arriba que todo motor se fabrica para un **régimen nominal**, entendiendo por tal a las condiciones de funcionamiento para las que ha sido creado. No sobrepasándolas se puede garantizar una larga vida útil y regularidad de marcha. Todos los valores nominales -o por lo menos los principales se indican en la **placa de características**, que es una chapa adosada en lugar visible del motor. En algunos casos, el fabricante entrega las **especificaciones técnicas**, que son documentos breves con datos y advertencias.

El fabricante garantiza las condiciones nominales dentro de ciertas **tolerancias**, que son los límites dentro de los cuales pueden considerarse, es decir:

1. *Que el ambiente no exceda de los 40º C.*
2. *Que la tensión aplicada no varíe en ± 10%.*
3. *Que la frecuencia no varíe en ± 10%.*
4. *Que la altitud sobre el nivel del mar no exceda de 1 000 metros.*
5. *Que la forma de trabajo esté acorde con la forma constructiva y no interfiera en la ventilación.*
6. *Que el acoplamiento al mecanismo conducido esté de acuerdo con la forma constructiva.*

Las clasificaciones de los motores responden a diversos criterios, por ejemplo:

Clasificación según el tamaño
Pequeños o de potencia fraccionaria (menos de *1 HP*) y grandes mas de *1 HP*.

Clasificación según su forma de aplicación
Normales o de serie. Se fabrican en cantidad y son menos costosos.
Grandes. Se fabrican a pedido o por pequeñas series.

Clasificación según el tipo eléctrico
Monofásicos. A inducción (diversos tipos), a colector (diversas conexiones).
Polifásicos. A inducción (jaula o con anillos), a colector y sincrónicos.
Corriente Continua. Derivación, serie, compuestos o excitación independiente.
Universales. Pequeños motores para ambas corrientes.

Clasificación según el tipo de servicio
Servicio continuo.
Servicio temporario.
Servicio intermitente.
Servicio intermitente periódico.
Servicio intermitente periódico o de arranque.
Servicio intermitente periódico con arranque y frenado.
Servicio ininterrumpido o carga intermitente.
Servicio ininterrumpido con arranque y frenado eléctrico.
Servicio ininterrumpido con cambios periódicos de velocidad.

Clasificación de acuerdo a su refrigeración
Autoenfriadas. Se refrigeran por medio del aire que desplaza sus propias partes móviles.
Ventilación propia. Llevan un ventilador sobre el eje.
Ventilación independiente. Se enfrían con el aire de un ventilador ajeno a la máquina.
Enfriamiento por agua. Tienen un circuito de enfriamiento por agua.

Clasificación de acuerdo al tipo de protección

F - 1   Protección general

Abiertas.
Protección contra contactos casuales.
Protección contra contactos intencionales.
Protección contra entrada de objetos sólidos.
Protección contra entrada de polvo.

F - 2   Protección del agua

Sin protección.
Protección contra goteo.
Protección contra salpicaduras y lluvia.
Protección contra chorros de agua.

F - 3   Protecciones especiales

A prueba de explosión.
Resistente a explosión.
Blindado. Completamente cerrado.
Blindado. Completamente cerrado, con ventilador exterior.

Clasificación de acuerdo a su forma

Según la posición del eje. De eje vertical o de eje horizontal.
Según la forma de fijación. En un plano paralelo al eje o normal al eje.

Clasificación de acuerdo a su velocidad

Velocidad constante (Característica "dura").
Velocidad variable con la carga (Característica "blanda").
Velocidad ajustable, sin afectar la carga.
Varias velocidades fijas.

CURVAS CARACTERÍSTICAS

La curva característica mas interesante del motor asincrónico trifásico es la que representa a la velocidad de giro en función de la cupla entregada, que hemos expresado con la fórmula (9). En la figura 37 mostramos dicha curva para los motores con rotor en corto circuito o rotor jaula, según los diversos modelos normalizados por la *National Electrical Manufacturers Association*, **NEMA**, de los Estados Unidos de Norteamerica. Se aprecia que los diversos modelos normalizados tienen distintos valores de **cupla de arranque** (a velocidad **N = 0**), asunto de importancia. Para mas detalles, consultar el Apéndice de este libro

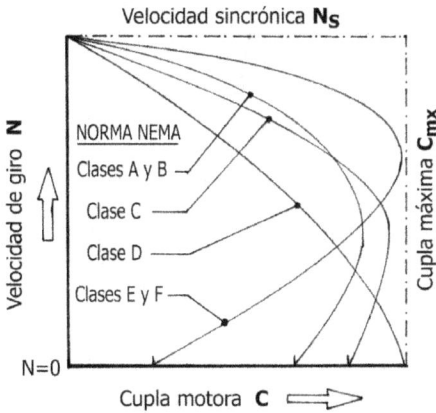

Fig. 37 Curvas velocidad-cupla para motores con rotor jaula

En la figura 38 se indican las mismas funciones, pero para motores con rotor bobinado o con anillos. Las diversas curvas son función de la resistencia total R_2 de una fase del circuito del rotor, compuesta por la resistencia propiamente dicha de una fase R_2', mas la resistencia exterior agregada a la misma R_A, según se vio en figura 11. Se puede deducir que, variando la resistencia de una fase del rotor por medio de la resistencia exterior al mismo, es posible **modificar a voluntad la cupla de arranque** e inclusive, hacerlo en marcha.

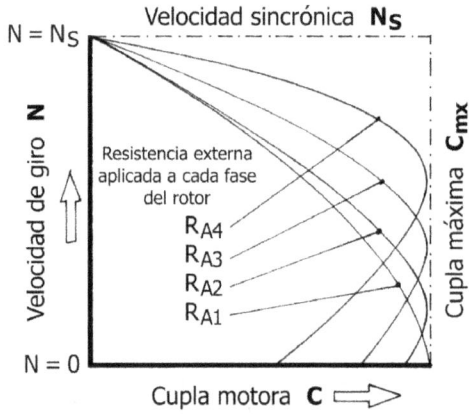

Velocidad sincrónica **N$_S$**

Resistencia externa aplicada a cada fase del rotor

R_{A4}
R_{A3}
R_{A2}
R_{A1}

N = N$_S$

N = 0

Velocidad de giro **N**

Cupla máxima **C$_{mx}$**

Cupla motora **C**

Fig. 38 Curvas velocidad-cupla para motores con rotor con anillos

CRITERIOS PARA ELEGIR MOTORES

La selección del motor mas adecuado para accionar un **mecanismo impulsado**, involucra en primer lugar el conocimiento de una serie de cualidades mecánicas del mismo, no siempre fáciles de obtener con el rigor requerido.

En muchos casos, el fabricante del mecanismo impulsado acoplado al motor es el que determina el motor más adecuado para un accionamiento, en base a su experiencia y los ensayos necesarios para determinarlo. Por lo regular, entrega las especificaciones necesarias. De no ser así, para elegir el motor adecuado para un accionamiento por medio de motores asincrónicos trifásicos, se hace necesario comenzar por obtener una serie de **informaciones esenciales**, a saber:

1. *Averiguar que tipo de mecanismo accionará y que misión cumplirá.*
2. *Potencia requerida por el mecanismo acoplado, según su fabricante.*
3. *Velocidad requerida.*
4. *Conocer si la velocidad debe ser constante o regulable.*
5. *Si la velocidad debe ser regulable, conocer si esa regulación debe hacerla a cupla constante o variable.*
6. *Tipo de servicio que debe cumplir.*
7. *Conocer el ciclo de trabajo, si el servicio no es a velocidad constante.*
8. *Determinar si es necesario invertir el sentido de giro.*
9. *Conocer las características del ambiente en que se instalará el equipo, para elegir su tipo de protección. (Húmero, ácido, explosivo, polvoriento, a la intemperie, expuesto a contactos casuales, etc.)*
10. *Conocer la forma de accionamiento del mecanismo impulsado y si hay reductores de velocidad.*
11. *Eje vertical u horizontal.*

12. *Temperatura del ambiente en que se instalará.*
13. *Tipo de base de apoyo de que se dispone.*
14. *Tipo de línea de alimentación de que se dispone, para conocer si acepta la carga eléctrica y si puede soportar la corriente brusca de arranque.*
15. *Cantidad de accionamientos conectados a la misma red eléctrica - si es que hay varios - y si arrancan simultáneamente.*
16. *Esfuerzos mecánicos ocasionados por el mecanismo impulsado sobre el eje del motor y si existen vibraciones apreciables.*
17. *Todo otro dato que a juicio del técnico debe ser tenido en cuenta.*

Con toda la información enunciada, se pueden alcanzar los siguientes **especificaciones técnicas** para colocar la compra del motor:

1. *Potencia nominal.*
2. *Tipo de servicio.*
3. *Tensión de alimentación.*
4. *Frecuencia.*
5. *Velocidad.*
6. *Tipo de protección.*
7. *Forma de enfriamiento.*
8. *Forma de arranque.*
9. *Cupla necesaria en el momento del arranque.*
10. *Forma de regular la velocidad, de no ser constante.*
11. *Forma de montaje.*
12. *Tipo de cojinetes a emplear.*
13. *Factor de potencia.*
14. *Rendimiento.*
15. *Sobrecarga admisible.*

En muchos casos -particularmente cuando no son accionamientos críticos- las características mas adecuadas del motor se pueden determinar por medio de oportunas comparaciones. Cuando no hay suficientes datos, lo recomendable es hacer ensayos de laboratorio. Si es necesario hacer la selección del motor por un camino mas analítico, se puede recurrir al

método que ahora vamos a explicar. La característica del mecanismo impulsado que mas interesa para seleccionar el motor adecuado, es la velocidad requerida **N** en función de la cupla resistente **C$_r$** solicitada al
mismo tiempo. Para ello examinemos la figura 39 que representa algunos **requerimientos típicos de mecanismos impulsados**.

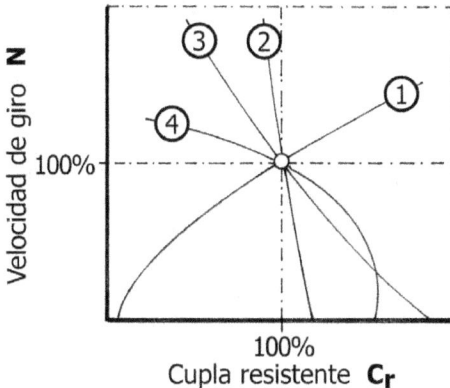

Referencias de la figura:

Curva 1: Ventiladores, bombas centrífugas, turbosoplantes, tor-
nos, fresadoras, rectificadoreas, etc.
Curva 2: Cintas transportadoras, norias, algunas máquinas de
trabajar metales, etc.
Curva 3: Máquinas-herramientas, mecanismos de elevación,
máquinas de mucha inercia con volante como prensas, guilloti-
nas, grúas etc.
Curva 4: Bombas alternativas, compresores de émbolo, máquinas textiles, moto-generadores, molinos, máquinas de trabajar
metales y maderas, etc.

Fig. 39 Curvas velocidad-cupla requeridas por mecanismos típicos

Esta familia de curvas debe observarse con las naturales reservas. En
primer lugar, por las naturales diferencias entre mecanismos de igual función pero distinto fabricante o distinto destino. En segundo lugar, por las
naturales tolerancias técnicas. No obstante, podemos hacer los siguien-

tes comentarios de interés. La curva Nº 1 se inicia con un valor muy bajo de la cupla para velocidad nula y crece en una forma sostenida de tipo exponencial. Este es el comportamiento típico de los elementos de acción centrífuga, bombas, ventiladores, turbosoplantes y otras semejantes. Al iniciar la marcha requieren una cupla muy reducida, correspondiente solamente a la necesaria para vencer las resistencias pasivas de los cojinetes.

En la curva Nº 2 la cupla demandada permanece casi constante a cualquier velocidad, lo que caracteriza a los mecanismos transportadores de materiales como las norias y también algunas máquinas de trabajar metales.

En la curva Nº 3 la cupla a velocidad nula es apreciable, lo que tipifica a los mecanismos de mucha inercia, que al ponerse en marcha exigen alto par motor, como son los sistemas de elevación de cargas y la tracción eléctrica.

Finalmente, la curva Nº 4 combina varios efectos, como sucede en las bombas a émbolo de movimiento alternativo y gran parte de las máquinas de trabajar metales.

La ***potencia requerida* P_m** para accionar ***cargas mecánicas***, algunos autores las reducen solo a dos casos que enseguida mostramos.

Caso de una carga lineal:

$$P_m = \frac{F \times v}{75\,\eta}$$ **(19)**

donde:

P_m = potencia mecánica requerida en *Caballo Vapor (CV)*, cuya equivalencia vimos en la fórmula (6).

F = fuerza de tracción a efectuar, o esfuerzo a cumplir, o carga a elevar en *kilogramo (kg)* (kilogramo-peso, no kilogramo-masa).

η = rendimiento del mecanismo impulsado en *Número adimensional*.

Caso de una carga rotante

$$P_m = \frac{C_r \times N}{716\,\eta}$$ **(20)**

donde:

P_m = potencia mecánica requerida en *Caballo Vapor (CV)*, cuya equivalencia vimos en fórmula (6).

C_r = cupla o par requerido por el mecanismo impulsado, en *kilogramo-metro (kg-m)* (kilogramo-peso, no kilogramo masa).

N = velocidad de rotación en *Revoluciones por Minuto (RPM)*

η = rendimiento del mecanismo impulsado en *Número adimensional*.

Las cantidades fijas 75 y 716 provienen de adecuadas equivalencias que se estudian en Física o se encuentran en manuales de ingeniería. Si el servicio que debe prestar el motor es a potencia variable - con velocidad constante - por períodos de tiempo definidos, la potencia media necesaria se determina con la formula:

$$Potencia\ media = P = \sqrt{\frac{\sum P_i^2\ t_i}{\sum t_i}} \qquad (21)$$

donde:

P = potencia media requerida por el mecanismo impulsado, en *Caballo Vapor (CV)* que será la potencia del motor a instalar

P_i = potencia parcial requerida en un tramo del funcionamiento a régimen variable, en *Caballo Vapor (CV)*

t_i = tiempo parcial de un tramo del funcionamiento, en *Segundo (s)*

Vamos ahora a completar conceptos explicando el **comportamiento dinámico** del conjunto motor-mecanismo impulsado. Para ello acudimos a la figura 40.

En dicha ilustración, a la izquierda, tenemos en un mismo sistema de coordenadas, las dos curvas a estudiar. Una corresponde a un motor asincrónico trifásico clase E ó F de las normas NEMA. La otra curva es la del mecanismo impulsado, que se corresponde con la de un ventilador. En la intersección de ambas curvas, la cupla y la velocidad de ambos componentes son iguales, por lo que estamos en la situación de **equili-**

brio dinámico. En ese punto de intersección tenemos entonces la velocidad nominal N_N y la cupla nominal C_N , es decir, las **condiciones
nominales**. A su vez, a velocidad nula $N = 0$, el motor dispone de una
cupla motora de arranque C_{ma}, y el mecanismo impulsado necesita una
cupla resistente de arranque C_{ra}. La diferencia $C_{ma} - C_{ra} = C_{acel}$ es
la **cupla aceleratriz** que llevará al conjunto hasta las condiciones nominales.

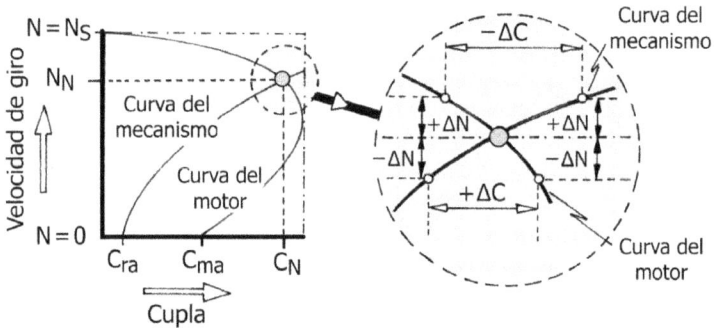

Fig.40 Análisis del comportamiento dinámico

Lo importante ahora es saber si este conjunto es **dinámicamente
estable**. Para ello examinamos lo que ocurre si nos apartamos un poco
de la condición de **equilibrio dinámico** determinada por la intersección
dando incrementos finitos. Para ello admitimos primero que por cualquier
causa se produce una variación positiva de velocidad de valor **+ΔN**. Si
esto ocurre, para el nuevo valor de la velocidad habrá cambiado el valor
de las dos cuplas. La del motor disminuye y la del mecanismo impulsado
aumenta y se produce una variación negativa de cupla **−ΔC**, que bien
podemos denominar *"cupla desaceleratriz"*, que tiende a restablecer las
condiciones iniciales de estabilidad. Inversamente, si se produce una disminución de velocidad **−ΔN**, se produce una variación de cupla **+ΔC**, que
es una *"cupla aceleratriz"* que tiende a aumentar la velocidad del conjunto para devolverlo a las condiciones iniciales. Por ello el conjunto es
dinámicamente estable. Si las curvas hubiesen estado invertidas, a una
disminución de velocidad corresponde una disminución de la cupla motora y el sistema tiende a detenerse. De ocurrir en sentido inverso, la velocidad puede aumentar peligrosamente.

PROTECCIONES ELÉCTRICAS

Para proteger eléctricamente a un motor destinado a conectarse a redes comunes de media y baja tensión y en potencias no demasiado importantes, alcanza con instalar **protecciones por sobreintensidad**, cuyos criterios exponemos a continuación. Este tipo de protector saca de servicio la instalación en caso que el sistema tome una **corriente superior a la nominal** o sea considerada de **duración inadecuada**. Es decir, actúan en base al valor de la corriente o en base al tiempo que actúa esa corriente. Recordemos que las protecciones por sobreintensidad son las siguientes:

Protecciones magnéticas

Se trata de pequeños electroimanes que son recorridos por la corriente actuadora, provocando movimientos en piezas mecánicas que de diversas formas constructivas se encargan de la apertura del circuito principal.

Protecciones bimetálicas (térmicas)

Se trata de piezas metálicas que por influencia -directa o indirecta- de la temperatura que provoca la corriente actuadora, se deforman y hacen actuar piezas mecánicas que de diversas formas constructivas se encargan de la apertura del circuito principal.

Fusibles

Se trata de alambres o cintas metálicas por las que circula directamente la corriente actuadora, que por causa de ella toman temperaturas elevadas alcanzando el valor necesario para la fusión, con lo que el elemento se funde y destruye, cortando de ese modo el circuito a proteger.

Debemos aclarar que en la técnica eléctrica existen otros tipos de protecciones, pero no las tratamos en este tema. Por ejemplo, las de falta de tensión, que desconectan cuando la red queda sin tensión, impidiendo que cuando retorna la energía, tome al motor sin estar preparado para el arranque. Inversamente, por sobretensión, que protegen en caso de que la tensión de la red se eleve indebidamente. En máquinas muy importantes se usan las protecciones diferenciales, que sacan de servicio el motor en caso de avería interna del mismo. Hay también protecciones por sobrevelocidad.

Nosotros aquí no vamos a describir en detalle las protecciones, que pueden verse en otro tipo de tratado (*) y solamente haremos una mención descriptiva de cómo actúan.

Las protecciones por sobreintensidad -en general- se pueden identificar por medio de sus curvas **corriente-tiempo**, como se ilustra en figura 41. Para interpretar esta curva, supongamos que por la protección circula una corriente de valor I durante un tiempo t_1.

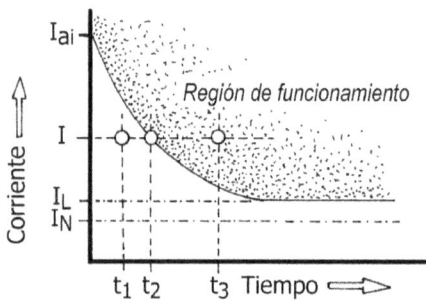

Fig. 41 *Curva genérica de una protección*

Como la intersección de estos dos valores resulta fuera de la llamada *"región de funcionamiento"*, la protección no actúa. En cambio, si la corriente tiene el mismo valor I pero actúa un tiempo t_3 el mecanismo protector funciona efectivamente, sacando de servicio al motor. La corriente I actuando el tiempo t_2 representa el *"valor límite"* entre si actúa o no actúa. Con el tiempo t_3 la protección actúa con toda seguridad. El punto superior en que la curva intercepta al eje de las corrientes I_{ai} , que es la **intensidad de acción instantánea**. En esas condiciones, la protección actúa en un tiempo prácticamente nulo. El valor en que la curva se hace horizontal I_L es lo que se conoce como **corriente límite** y es un valor en que la protección actuará como condición límite. Mas abajo está la **corriente nominal** I_N, que es valor con que se designa comercialmente a la protección.

(*) *"Instalaciones Eléctricas", Marcelo Antonio Sobrevila, Librería y Editorial Alsina*

Las protecciones que presentan este comportamiento se aplican cuando se desea que las mismas no funcionen en forma instantánea, sino que *"esperen"* un lapso antes de desconectar la carga eléctrica de la red. De este modo se pueden sortear los efectos de las altas corrientes de arranque, que actúan por tiempos muy breves y no causan daño. En estos casos, este tipo de protección actúa como *"esperando"* que la corriente pase por un valor exagerado y tome su valor usual mas pequeño o nominal.

En la figura 42 mostramos agupadas las curvas características de las protecciones por sobreintensidad mas arriba indicadas. Obsérvese que las protecciones magnéticas son independientes del tiempo, no así las protecciones bimetálicas o los fusibles.

En el dibujo de figura 41 podemos distinguir tres valores de interés.

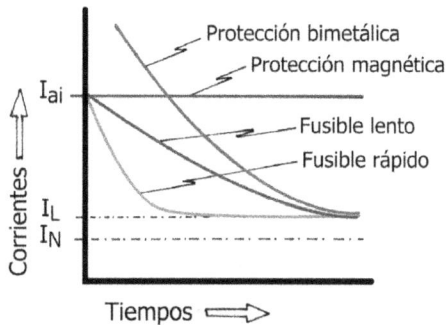

Fig. 42 Características agrupadas de las protecciones por sobreintensidad

Como las curvas del tipo de figuras 41 y 42 son algo incómodas de representar en escala, se acostumbra a representarlas en coordenadas logarítmicas, como mostramos en figura 43.

Conviene remarcar que las **protecciones magnéticas** son independientes del tiempo y funcionan al llegar la corriente a un valor determinado. Consisten en bobinas que actúan atrayendo su núcleo y desconectando circuitos.

Las **protecciones bimetálicas** consisten en piezas especiales metálicas que al tomar temperatura por efecto de la corriente, se deforman y ese movimiento hace actuar interruptores que desconectan el sistema. Ambos sistemas de protección se suelen combinar en muchos modelos comerciales bajo la forma de las llamadas llaves **termomagnéticas**. También se pueden combinar con **fusibles**, que pueden ser *"lentos"* o

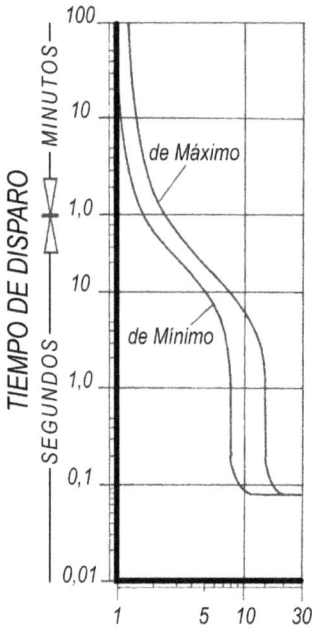

Fig. 43 Curva de una
protección

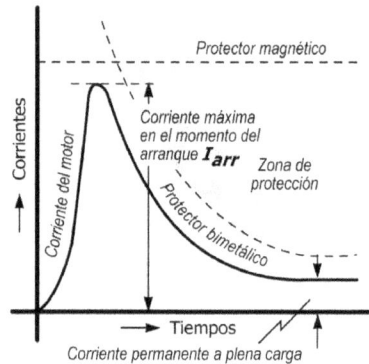

Fig. 44 Curvas de un protector
termomagnético y de la
corriente de un motor

"rápidos" según la forma de su curva.

En la figura 44 mostramos ahora la curva de la corriente que toma un motor asincrónico trifásico en momento del arranque, conjuntamente con las curvas de protección de una llave termomagnética. Al ponerse en marcha el motor -arrancar- la corriente crece rápidamente hasta un valor I_{arr} para enseguida decrecer, con lo que la curva del motor queda debajo de la curva de las dos protecciones combinadas. Establecida la marcha nominal - después del arranque - la corriente tomada es la nominal I_N.

Los sistemas de protección suelen fabricarse también provistos de sistemas de maniobra. En la figura 45 tenemos un circuito típico, donde con trazo mas grueso se dibujó el *circuito de potencia* propiamente dicho y con trazo mas fino el llamado *circuito de control*. A la derecha los esquemas simplificados de ambos circuitos.

Veamos como funciona. Si oprimimos el botón de arranque **A** se cierran los contactos C_4 (que están normalmente abiertos) y circula una

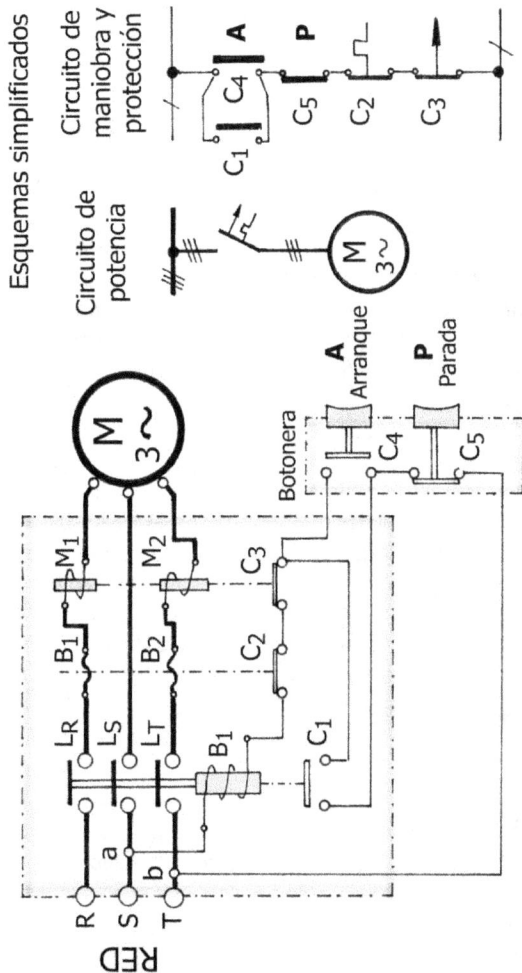

Fig. 45 Llave termomagnética con comando a botonera

corriente auxiliar de bajo valor por el circuito de control, que partiendo del punto **a**, finaliza en **b**. Esto hace actuar la bobina B_1 que se encarga de cerrar los contactos principales L_R , L_S y L_T y el motor se pone en marcha. Al mismo tiempo, el vástago que acciona los contactos principales cierra simultáneamente los contactos auxiliares C_1 (que están normalmente abiertos) y que se denominan "contactos de retención", de manera que si soltamos el botón de arranque **A**, el circuito auxiliar sigue cerrado y accionados los contactos principales. Si deseamos detener, pulsamos el botón de parada **P** que abre los contactos C_5 (que están normalmente cerrados) y se desactiva el circuito auxiliar y el interruptor se abre, deteniéndose el motor.

El sistema de protección de la misma llave funciona del siguiente modo. Si una corriente instantánea de alto valor circula por el circuito de potencia, cualquiera de las bobinas del *sistema magnético* M (M_1 ó M_2) abre los contactos C_3 (que están normalmente cerrados). Si en vez la corriente no es muy elevada, pero circula un tiempo demasiado largo, los bimetales del *sistema térmico* B (B_1 ó B_2) toman temperatura, se deforman, abren los contactos C_2 (que están normalmente cerrados) y el sistema auxiliar se desactiva abriendo el interruptor principal. A la derecha mostramos los esquemas simplificados conforme normas.

Debe advertirse que existen muchos modelos de llaves protectoras, con diversas soluciones para los diversos tipos de maniobras requeridas. En muchos casos comunes, las llaves protectoras solo tienen protector térmico bimetálico de acción lenta, combinándose con fusibles de acción rápida, tal como se ilustra en figura 46.

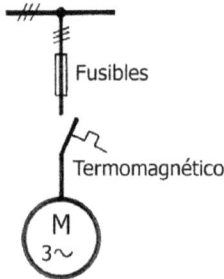

Fusibles

Termomagnético

M
3~

Fig. 46 Llave termomagnética
y fusibles.
Esquema simplificado

REGULACIÓN ELECTRÓNICA

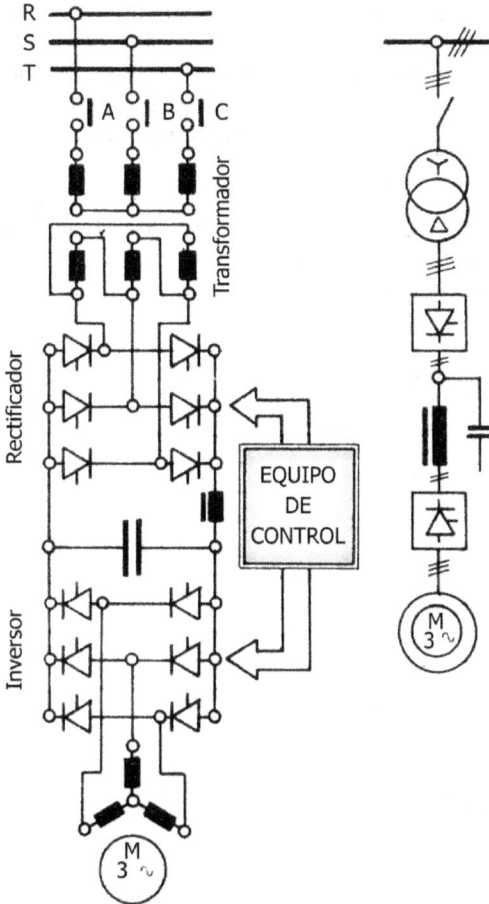

*Fig. 47 Sistema de control electrónico de la velocidad
por variación de frecuencia*

Este método se funda en la regulación de la velocidad sincrónica del campo rotante, dada por la fórmula (1). Un procedimiento de esta naturaleza debe -al mismo tiempo- regular la tensión aplicada para mantenerla constante. De no ser así -como se demuestra en la teoría de este tipo de motor- la potencia útil al ser el producto de la velocidad por la cupla, el método implicaría estar regulando simultáneamente la potencia. Por esta causa, la aplicación de este sistema debe estar precedido de un estudio completo del problema a resolver. Téngase también en cuenta que toda variación de frecuencia, lleva implícita una variación de las pérdidas en el hierro de los circuitos magnéticos y por consecuencia, del rendimiento.

Por todas esta razones, los mecanismos de regulación se basan en sistemas electrónicos que emplean diodos controlados (tiristores) de alta potencia, que ilustramos en figura 47.

SISTEMA DE PUESTA EN MARCHA

18.1. Arranque directo

Este método se emplea para motores de potencia reducida, aunque con modernos diseños se están logrando arranques directos en motores medianos. En general, este sistema se adopta para motores con rotor tipo jaula. El motor se conecta directamente a la red, conforme esquema de conexiones de figura 48. A la derecha del esquema están las curvas características de cupla motora y corriente. Alcanzada la velocidad nominal (resbalamiento nominal S_n) tenemos la corriente nominal I_N y cupla nominal C_N. Se nota que en el momento de la puesta en marcha (velocidad nula), la corriente puede alcanzar valores de 5 a 10 veces la corriente nominal. Por lo regular, la conexión de las fases del estator es en estrella.

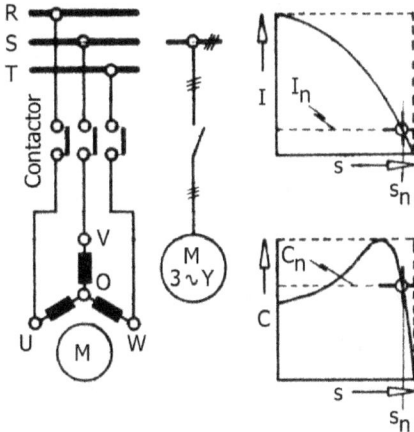

Fig. 48 Arranque directo. Esquema y curvas

18.2. Arranque estrella-triángulo

Este método consiste en poner primero las fases del motor en estrella y una vez que arrancó y estabilizó su marcha, se lo pasa rápidamente a la conexión triángulo, que es la definitiva. De esta manera, la tensión aplicada a cada fase del estator en el momento inicial, es menor que la de servicio. Esto se explicó en el tema 4. La maniobra para pasar de estrella a triángulo se puede hacer manualmente o

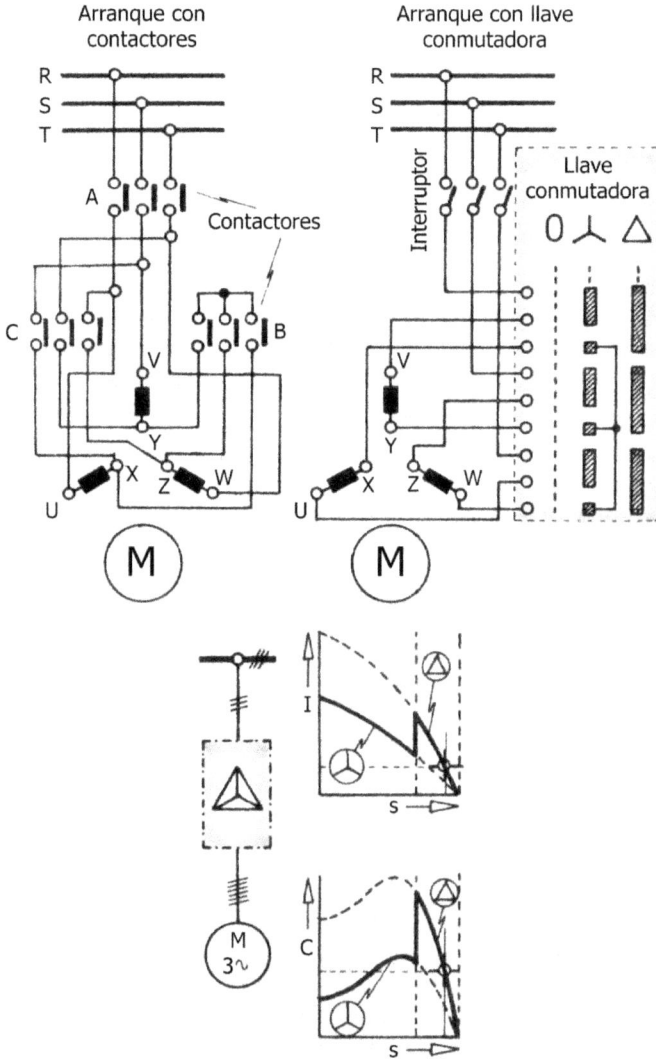

Fig. 49 Sistema de arranque estrella-triángulo

por medios automáticos. Por este procedimiento, la corriente inicial que toma el motor en el momento del arranque, es menor que la que tomaría si se conectase directamente a la tensión plena, es decir, un valor reducido al 57,73%. Pero como se estudia en la teoría de estos motores, la cupla motora es función del cuadrado de la tensión aplicada. Por tal causa, la cupla en el momento del arranque por este sistema, resulta la tercera parte de la que se tendría si se arrancase directamente a tensión plena, es decir, el 33,33%. En síntesis, con este método se logra disminuir la corriente de arranque, pero se sacrifica la cupla en ese momento. Se emplea para motores que en el momento de iniciar la marcha, no necesitan suministrar una cupla apreciable, moviendo mecanismos *"livianos"*.

En figura 49 a la izquierda, vemos el esquema de conexiones por medio de contactores. La *"secuencia"* de las operaciones es la que sigue. Primero se cierra **A** y se vincula el motor con la red. A continuación se cierra **B** y se forma en centro de la estrella. Finalmente se abre **B** e inmediatamente se cierra **C** quedando en triángulo. Todas estas operaciones se pueden hacer por medio de automatismos adecuadamente programados, que pueden actuar controlados por tiempo, por corriente o por velocidad.

En la parte derecha de figura 49, vemos el esquema de maniobra por medio de una llave conmutadora rotativa, que puede ser accionada manualmente o por medios automáticos. Primero se conecta la línea de contactos **O**, luego la línea **Y** y una vez estabilizada la marcha, se pasa a la línea . En la parte inferior mostramos la representación normalizada y las curvas características de esta maniobra.

18.3.   Arranque con autotransformador

Consiste este procedimiento en efectuar la conexión del motor por medio de un autotransformador trifásico o dos transformadores monofásicos conectados en "V", como indica la figura 50.

La *"secuencia"* de las operaciones de puesta en marcha son las que siguen. Comienzan por cerrarse los **A** , **B** y **C**, dejando a los dos transformadores en conexión "V" sobre la red. Se cierran los **D** y **E** y el motor queda alimentado a tensión reducida, poniéndose en marcha. Finalmente se abren **A** , **B** y **C** conservando cerrados **D** y **E**, y se cierran **F** , **G** y **H**, con lo que el motor queda directo a la red y con tensión plena. A la derecha de la figura tenemos las curvas características y el esquema unipolar del conjunto.

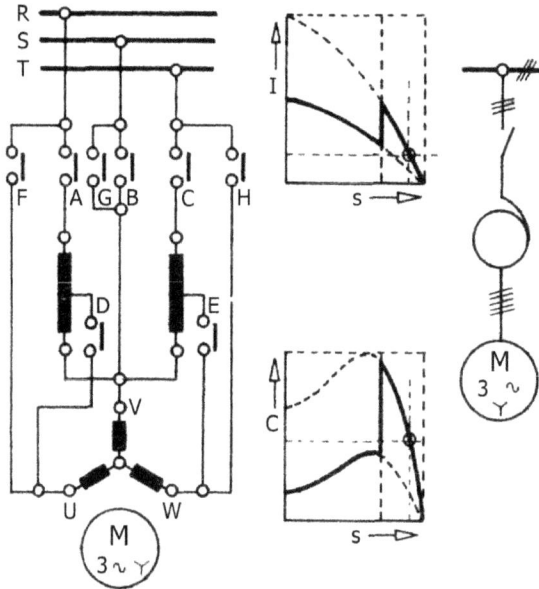

Fig. 50 Sistema de arranque con autotransformador

18.4. Arranque con resistencias en el rotor

Como vemos en la figura 51, este método se aplica a motores con rotor bobinado (con anillos). Con el contactor colocado a la entrada, se alimenta el estator a la red de alimentación. Para la puesta en marcha, los resistores variables conectados a los circuitos del rotor, deben estar en la posición de máximo valor. Con los dibujos a la derecha de figura 51 vamos a seguir el proceso del arranque.

Si los resistores de puesta en marcha están correctamente dimensionados, el **valor inicial** de los mismos R_{A1} ,se corresponde con la condición de **maxima cupla** en el motor, es decir, el valor C_{max}.

La cupla pedida por el mecanismo impulsado, tal como estudiamos en el tema 15 y que señalamos con C_r (ver también fig. 39), es menor y por lo tanto, hay una **cupla aceleratriz** $(C_{max} - C_r)$.

El motor arranca y se estabiliza en el valor N_1 de la velocidad. Allí el operador (o un sistema automático) pasa al valor R_{A2} de las resistencias de puesta en marcha y el motor acelera hasta el valor N_2.

Del mismo modo se siguen disminuyendo las resistencias de los resistores de puesta en marcha hasta hacerlas mulas, con lo que cada fase del rotor queda a la resistencia R_{A4}, que es solamente la propia de cada fase del rotor. Con la corriente absoida por el motor sucede algo análogo, pasando por las corrientes I_{max} e $I_{mín}$.

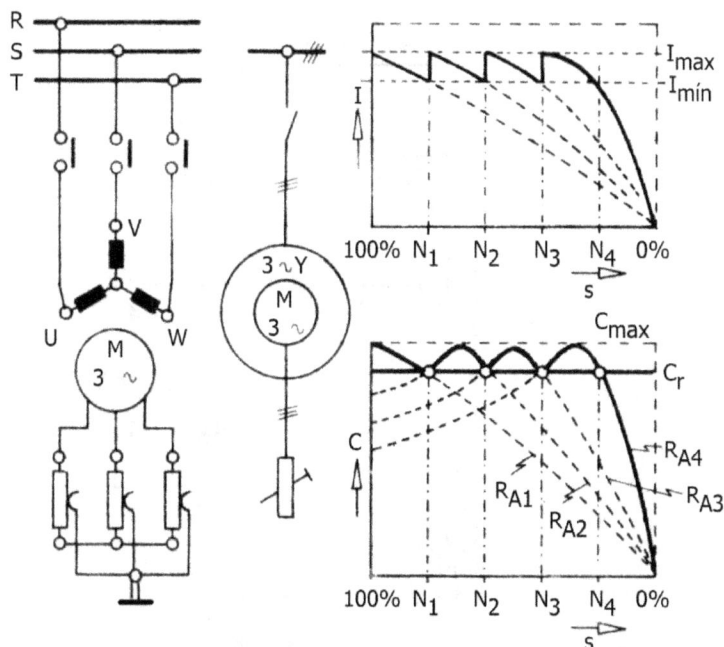

Fig. 51 *Sistema de arranque por resistencias en el circuito del rotor*

18.5.- Arranque directo con inversión del sentido de marcha

En la figura 52 mostramos el circuito para un motor asincrónico trifásico con rotor en corto circuito (tipo a jaula), de potencia poco significativa, que debe girar en uno u otro sentido. El circuito tiene protección de entrada con fusibles y protección para sobrecargas mediante relevadores térmicos (bimetálicos). A la derecha, vemos el circuito de control mediante botoneras, como ya estudiamos en el tema 16.

Referencias

C_1	Control marcha adelante
C_2	Control marcha atrás
b_0	Pulsador parada
b_1	Pulsador arranque adelante
b_2	Pulsador arranque atrás
e_1	Bimetálicos de sobrecarga
e_0	Protección contra cortocircuito
e_2	Fusibles circuito control

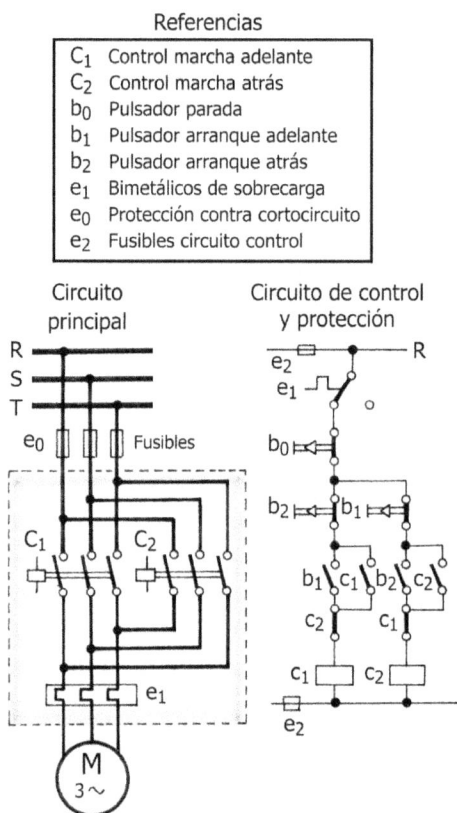

Fig. 52 Sistema de arranque directo e inversión del sentido de giro
Representación conforme normas DIN

TEMA 19

TIEMPOS DE ARRANQUE

En motores muy importantes, que accionan mecanismos que exigen severas solicitaciones, se suele estudiar en detalle el proceso de puesta en marcha, para determinar el tiempo que tarda en alcanzar la velocidad nominal a partir del momento en que se conecta a la red eléctrica. Para ello, comenzamos por indicar que, cuando un motor se pone en marcha impulsando un mecanismo que está detenido, debe proveer:

- Desarrollar una cupla motora C_m mayor que la cupla resistente C_r, diferencia que depende del sistema de arranque adoptado.
- Entregar una cierta energía cinética a todo el sistema rotante, compuesto por el mecanismo impulsado y por el mismo rotor del motor.

La **cupla aceleratriz ($C_m - C_r$) = C_a** es el valor + ΔC que ya estudiamos en figura 40, y el análisis teórico del caso se estudia planteando la siguiente ecuación:

$$C_a = C_m - C_r = J \frac{d\omega}{dt} = J \frac{2\pi}{60} \frac{dN}{dt}$$ **(22)**

donde: C_a = Cupla aceleratriz, en *kilogramo-metro (kg-m)*.
     C_m = Cupla motora, en *kilogramo-metro (kg-m)*.
     C_r = Cupla resistente, en *kilogramo-metro (kg-m)*.
     J = Momento de inercia de las masas rotantes respecto al eje de giro, en *kilogramo-metro.segundo²* (kg-m . s²).
     N = Velocidad de rotación, en *Revoluciones por minuto (RPM)*.
     ω = Velocidad angular de rotación, en $1/segundo$ (seg⁻¹).

El valor de J depende del peso de las masas rotantes a las que se refiere y de la forma geométrica de las mismas. Pero en la ingeniería mecánica, es mas frecuente usar el valor GD^2, que es lo mismo, pero en forma mas práctica. El valor **G** es el peso total del sistema rotante y **D** es el diámetro promedio que elevado al cuadrado y multiplicado por el peso, es igual al momento de inercia polar antes indicado. Recordando que **g=9,81** es la aceleración de la gravedad, la relación entre ambos valores se puede ver en los tratados de mecánica técnica y vale:

$$G D^2 \ (kg\text{-}m^2) = 4 \ g \left(\frac{m}{s^2}\right) J \ (kg\text{-}m \cdot s^2) \tag{23}$$

Reemplazando, la expresión (22) nos queda:

$$C_a = \frac{GD^2}{375} \frac{d N}{d t} \tag{24}$$

Despejando e integrando:

$$d t = \frac{GD^2}{375 \, C_a} \ d N \tag{25}$$

$$t = \int_0^N \frac{GD^2}{375 \, C_a} d N \tag{26}$$

La cantidad **GD^2** es independiente de la velocidad **N**, salvo en mecanismos impulsados que actúan sobre líquidos centrifugándolos. Para determinar el tiempo **t** se emplean en la práctica métodos gráficos, que pueden verse en tratados especializados.

TEMA 20

MONTAJE MECÁNICO y MANTENIMIENTO

MONTAJE MECANICO

Fundaciones

Los motores de poca potencia se instalan fijándolos con tornillos a rieles, vigas o chapas metálicas, como en figura 53, que a su vez se apoyan sobre bases sólidas diversas.

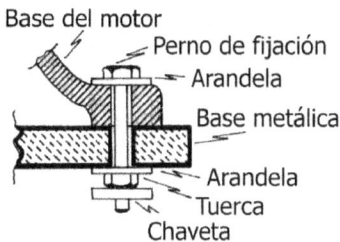

Base del motor
Perno de fijación
Arandela
Base metálica
Arandela
Tuerca
Chaveta

Fig. 53   Fijación rígida a base metálica

Otros casos mas importantes se resuelven sobre bases de cemento, como en figura 54.

En general, las fundaciones deben no solo soportar los pesos de las partes apoyadas, sino que deben absorber las vibraciones que se producen en el conjunto.

Los motores asincrónicos trifásicos son, por su misma naturaleza constructiva, muy poco productores de vibraciones si están bien alineados y sus cojinetes en buen estado. Por lo tanto, las vibraciones provienen fundamentalmente del mecanismo impulsado por el motor.

Por esta causa, sobre este aspecto se debe consultar siempre al fabricante de dicha máquina impulsada.

Las fundaciones pueden ser rígidas o elásticas. Las elásticas permiten absorber vibraciones y atenúan la transmisión de las mismas.

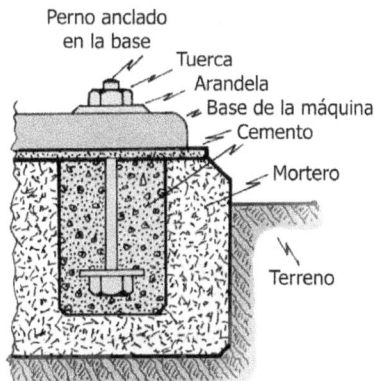

Perno anclado en la base
Tuerca
Arandela
Base de la máquina
Cemento
Mortero
Terreno

Fig. 54   Fijación rígida a base de cemento

Acoplamiento

Los acoplamientos, en general, los hemos examinado en el tema 6 anterior. El eje del motor se une al eje del mecanismo impulsado por medio de bridas o platos frontales, provistos de perforaciones que permiten colocar pernos pasantes ajustados con tuercas.

Las transmisiones pueden tener los ejes no alineados según se requiera. Además, pueden ser rígidos o semirígidos, según admitan o no un ligero movimiento entre los dos ejes.

En la figura 55 mostramos un acoplamiento por poleas y correa, con el dispositivo de ajuste de distancias por medio de un tornillo.

Periódicamente, se procede a tensar la correa y volver a fijar la base del motor a la base fija, que dispone de adecuadas correderas.

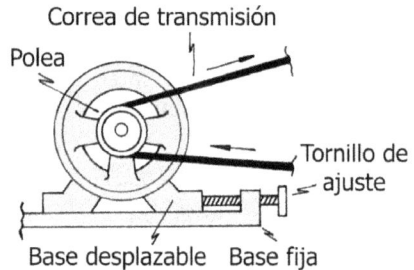

Correa de transmisión
Polea
Tornillo de ajuste
Base desplazable   Base fija

Fig. 55 Acoplamiento ajustable

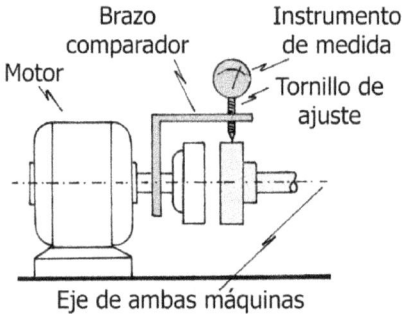

Brazo comparador   Instrumento de medida
Motor
Tornillo de ajuste
Eje de ambas máquinas

Fig. 56 Alineación de ejes

Los acoplamientos requieren un proceso de *"alineación"* al instalarlos, que consiste en que el eje del motor sea continuación del eje del mecanismo impulsado.

La operación se ejecuta con un *"comparador"*, como se muestra en la figura 56.

MANTENIMIENTO

El motor asincrónico trifásico es una máquina tan simple, que su mantenimiento es relativamente sencillo. Además, esta sencillez facilita su inspección y control.

Un punto importante en el **mantenimiento mecánico**, en general,

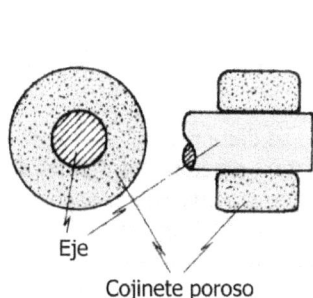

Fig. 57 Cojinete autolubricado

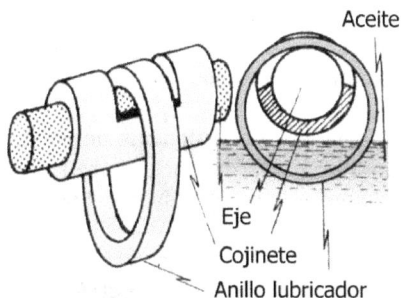

Fig. 58 Cojinete a fricción lubricado por anillo

consiste en la conservación de los **cojinetes**. La operación mas frecuente con los mismos es la reposición de la grasa o del aceite, según el tipo de que se trate. Esta operación, generalmente, se combina con un control periódico de los cojinetes mediante auscultación por medio de adecuados sensores, para detectar ruidos o vibraciones anormales. Los motores pequeños están provistos de cojinetes autolubricados, consistentes en bujes porosos que, impregnados de lubricante, generalmente sirven para toda su vida útil. En la figura 57 vemos un croquis de este tipo.

La lubricación de cojinetes a fricción mediante anillo lubricador, como se ve en figura 58, se logra agregando periódicamente aceite mediante aceiteras, por aberturas adecuadas. Los cojinetes a bolillas

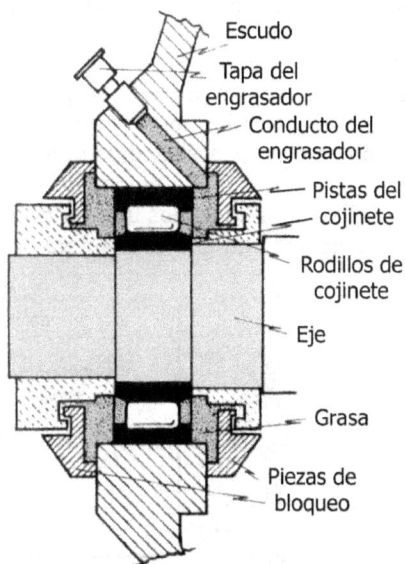

Fig. 59 Cojinete a rodillos y engrasador

o a rodillos se lubrican con grasa de tipo adecuado, que ingresa por los *"engrasadores"*, como vemos en el ejemplo de figura 59, que representa un cojinete a rodillos.

Finalmente digamos que periódicamente se debe revisar el **entrehierro**, la pequeña distancia entre rotor y estator -parte móvil y parte fija- mediante calibres de espesor. Este control, detecta cualquier desgaste de los cojinetes.

El **mantenimiento eléctrico** de los motores comprende en primer lugar, pruebas periódicas para medir los valores de la resistencia de aislación de los bobinados, llevando planillas a tal efecto. El valor de la **resistencia de aislación R_a** se mide en *MegaOhm (MΩ)*, que es un índice del estado de la rigidez dieléctrica de estos elementos. La medición se hace con instrumentos de medida especiales, los *"megahometros"*, que trabajan con la tensión de servicio. Debe tenerse en cuenta que el valor de la resistencia de aislación, es función de diversos factores: la temperatura, la edad del aislante, la humedad, la suciedad y la tensión de servicio. En la figura 33 hemos hablado del asunto. A medida que pasa el tiempo, los valores de esas resistencias disminuyen, señalando con ello la necesidad de un rebobinado o de un proceso de secado, si hubo exposición a la humedad.

En la figura 60 vemos una curva típica de **secado de aislaciones** por medio de calor en una estufa para esos fines.

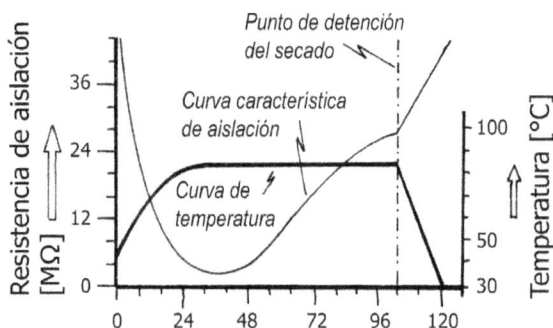

Fig.60 Aislación y temperatura en un proceso de secado de bobinados

La medición de la resistencia de aislación se hace con instrumentos especialmente destinados para estas medidas y el **valor mínimo** obtenido está dado por la fórmula siguiente que aconseja la norma IRAM 2125:

$$Resistencia\ de\ aislación\ R_a = \frac{Tensión\ del\ motor\ [kV]}{Potencia\ del\ motor\ [kVA] + 1000} \quad \textbf{(27)}$$

El valor obtenido no debe ser nunca inferior a *1 megaOhm (1 MΩ)*.

Otra de las pruebas eléctricas que se hacen, es la de **rigidez dieléctrica**. Se pueden seguir las normas IRAM 2008/66 y 2125/58. Se debe disponer de una fuente de tensión alta y el motor debe estar a la temperatura de régimen. Las tensiones que se deben aplicar para la prueba son las siguientes.

Los valores de tensión que se deben aplicar a los motores asincrónicos para efectuar el ensayo con alta tensión conforme normas, se indican en la tabla que sigue.

> Valores de tensión que se deben aplicar para
> el ensayo con alta tensión **U** en **Volt (V)**
> U_n = tensión nominal en **Volt (V)**

- Arrollamientos estatóricos de motores de potencia menor que *1 kiloWatt (1 kW)*, o *1 kiloVoltAmpere (1kVA)* .... $500 + 2\ U_n$

- Arrollamientos estatóricos de motores de potencia comprendida entre *1 kW ó 1 kVA* y *3 kW ó 3 kVA* .... $1.000 + 2\ U_n$

- Arrollamientos estatóricos de motores de potencia mayor de *3 kW* o *3 KW* y menor que *10.000 Kw ó 10.000 kVA* .... $1.000 + 2\ U_n$

(Condición: mínimo 1.500V)

EJEMPLO DE CARACTERISTICAS DE CATALOGO

La tabla descripta en la página 80 se ha obtenido de las especificaciones para motores que informa la firma Tadeo Czerweny S.A. de Argentina en sus publicaciones. Corresponde a velocidad de sincronismo de *1.500 RPM* y motores con rotor jaula. Para velocidades de sincronismo de *3.000 RPM*, la corriente nominal es ligeramente menor e, inversamente, para velocidades menores es algo mayor.

NORMALIZACION NEMA

La **National Electrical Manufacturer's Association (NEMA)** de los Estados Unidos de Norteamérica, ha clasificado a los motores asincrónicos en siete tipos generales que cubren la mayor parte de los requerimientos prácticos. Los valores consignados a continuación son para motores desde 0,5 HP hasta 200 HP. Los valores porcentuales corresponden a los valores nominales.

- **Clase A**

  Cupla de arranque:
  150% hasta 105%. (Los valores altos corresponden a velocidades altas).
  Corriente de arranque
  500% a 1 000%.
  Resbalamiento
  3% a 5%.
  Factor de potencia
  0,87 a 0,89.
  Rendimiento
  0,87 a 0,89.

| POTENCIA | | CON CARGA NOMINAL | | | | | | Par arranque | Par máximo | Corriente de arranque para 380 V Ampere |
| | | Corriente en Ampere | | Rendimiento | Cos φ | Velocidad | Par | Par nominal | Par nominal | |
cv	Kw	Motor 220 V	Motor 380 V	%		RPM	Kg-m			
0,33	0,24	1,45	0,85	66	0,67	1.420	0,17	2,6	2,7	3,9
0,5	0,37	1,9	1,10	68	0,73	1.420	0,25	2,4	2,3	5,1
0,75	0,55	2,7	1,6	73	0,73	1.420	0,38	2,4	2,2	7,3
1	0,75	3,6	2,1	73	0,74	1.400	0,50	2,3	2,1	9,0
1,5	1,1	4,9	2,8	76	0,78	1.430	0,75	2,7	2,5	16,5
2	1,5	6,3	3,6	77	0,80	1.410	1,0	2,5	2,3	21,6
3	2,2	8,8	5,1	80	0,82	1.430	1,5	2,6	2,4	32
4	3	11,6	6,7	80	0,83	1.410	2,0	2,8	2,6	43
5,5	4	14,9	8,6	89	0,85	1.430	2,75	2,3	2,3	58
7,5	5,5	19,9	11,5	86	0,85	1.440	3,75	2,2	3	72,5
10	7,5	26	15,0	87	0,86	1.440	5,0	2,2	3,1	99
12,5	9,4	32	18,5	88	0,86	1.445	6,2	2,6	3,1	146
15	11	38,3	22,1	88	0,87	1.440	7,5	1,8	2,8	122
20	15	50,1	28,9	89	0,87	1.450	10	1,9	3,1	191
25	18,5	62,0	35,8	90	0,87	1.450	12,4	2,4	2,5	222
30	22	72	41,6	90	0,89	1.460	15	2,6	2,6	284
35	26	85	49	90	0,89	1.460	17,2	1,8	2,6	314
40	30	94	54,2	91	0,90	1.460	20	1,9	3	348

- **Clase B**

Cupla de arranque
150% hasta 105%. (Los valores altos corresponden a velocidades altas)
Corriente de arranque
500% a 550%.
Resbalamiento
3% a 5%.
Factor de potencia
0,87 a 0,89.
Rendimiento
0,87 a 0,89.

- **Clase C**

Cupla de arranque
200% hasta 250%. (Los valores altos corresponden a velocidades altas)
Corriente de arranque
500% a 550%.
Resbalamiento
3% a 7%.
Factor de potencia
0,87 a 0,89.
Rendimiento
0,82 a 0,84.

- **Clase D**

Cupla de arranque
250 a 315% para resbalamientos altos y 350% para medianos.
Corriente de arranque
400 a 800% para resbalamientos medios y 300 a 500 para altos.
Resbalamiento
5 a 11% y para resbalamientos medios y 12 a 16% para altos.
Factor de potencia
Bajos valores (variable).

Rendimiento
   Bajos valores (variable).

- **Clase E**

   Cupla de arranque
      No mayor de 50%.
   Corriente de arranque
      500% a 1 000%.
   Resbalamiento
      1% a 3,5%.
   Factor de potencia
      0,87 a 0,89.
   Rendimiento
      0,87 a 0,89.

- **Clase F**

   Cupla de arranque
      No mayor de 50%.
   Corriente de arranque
      350% a 500%.
   Resbalamiento
      1% a 3,5%.
   Factor de potencia
      0,87 a 0,89.
   Rendimiento
      0,87 a 0,89.

- **Rotor bobinado**

   Cupla de arranque
      Mas de 300%.
   Corriente de arranque
      Depende del valor de la resistencia de arranque rotórica.
   Resbalamiento
      3% a 5%.
   Factor de potencia
      Alto, con el rotor cortocircuitado, iguales a Clase A.

Rendimiento
Alto con el rotor cortocircuitado, pero bajo con resistencias rotó-ricas.

INFLUENCIA DE LA TENSION Y LA FRECUENCIA

Cuando cambia la tensión o la frecuencia aplicadas, varían las condi-ciones de funcionamiento conforme las siguientes indicaciones.

Para un aumento del 10 % de la tensión
(Potencia y frecuencia nominales)

Cupla de arranque . . . . Aumenta 20%
Corriente de arranque. . . . . Aumenta 10%
Rendimiento . . . . Aumenta 2%
Factor de potencia . . . . Baja 4%
Corriente . . . . Baja 7%
Resbalamiento . . . . Baja 17%
Temperatura . . . . Baja 5%

Para un aumento del 10 % de la frecuencia
(Potencia y tensión nominales)

Velocidad . . . . Aumenta 5 %
Factor de potencia. . . . . Aumenta 1 %
Rendimiento. . . . . No varía
Corriente. . . . . Baja 1 %
Corriente de arranque . . . . Baja 5 %
Cupla de arranque . . . . Baja 10 %

RENDIMIENTO Y FACTOR DE POTENCIA EN FUNCION DE LA CARGA

Los valores consignados en la tabla que se detalla a continuación (pág. 84), corresponden a motores Clase A de la clasificación NEMA.

Potencia	Velocidad	Rendimiento η según la carga			Factor de potencia $\cos \varphi$ según la carga		
CV	RPM	a 100 %	a 75 %	a 50 %	a 100 %	a 75 %	a 50 %
1	1 500	79,0	79,0	77,0	80,0	75,0	73,0
1	1 000	76,0	75,5	73,0	75,0	68,0	51,0
1	750	73,0	72,0	69,0	65,0	55,0	44,0
5	1 500	83,5	83,5	83,0	87,0	83,0	75,0
5	1 000	84,0	84,0	82,0	82,0	77,0	64,5
5	750	83,0	83,0	81,0	78,0	72,0	60,0
10	1 500	86,0	86,0	84,5	92,0	90,0	84,0
10	1 000	85,0	85,0	84,0	87,0	83,0	73,0
10	750	85,0	85,0	83,5	82,0	76,0	65,0
20	1 500	88,0	87,0	84,0	89,0	85,0	77,0
20	1 000	88,0	87,5	85,0	88,0	84,5	74,0
20	750	87,5	87,0	95,5	83,0	77,0	67,0
30	1 500	89,0	88,5	86,0	91,5	90,0	84,0
30	1 000	88,5	88,0	85,5	88,0	86,0	75,0
30	750	89,0	89,0	87,0	85,5	81,0	72,0
40	1 500	89,5	88,5	87,0	90,0	88,5	83,0
40	1 000	89,5	89,0	87,0	88,0	85,0	76,0
40	750	89,0	89,0	87,0	84,0	79,0	67,0

BIBLIOGRAFÍA CONSULTADA

- **Máquinas Eléctricas** *(Nivel inicial)*, Marcelo Antonio Sobrevila
  Editorial Alsina, Buenos Aires, Argentina.
- **Control de motores** *(Manual del Electricista)*, Rodolfo Guadalajara.
  Editorial Mc Graw Hill Interamericana de México, México.
- **Control de sistemas dinámicos con retroalimentación**, G. Franklin, J. Powell y A. Naeinl.
  Editorial Addsison Wesley Iberoamericana, Wilmington, Delaware, U.S.A.
- **Motores Eléctricos. Aplicaciones Industriales**, J. Roldan Viloria.
  Editorial Paraninfo. España.
- **Reparación de Motores Eléctricos**, R. Rosemberg.
  Editorial Gustavo Gilli, España.
- **Teoría y análisis de las máquinas eléctricas**, Kingsley, Kusko y Fitzgerald.
  Editorial Hispano Europea, Barcelona, España.

AUTOR

MARCELO ANTONIO SOBREVILA

Ingeniero Mecánico y Electricista argentino, graduado en 1948 en la Universidad Nacional de La Plata, República Argentina, con estudios de posgrado en el exterior en calidad de becario de UNESCO. Como profesional de la ingeniería se desempeñó durante treinta años en varias empresas privadas de Argentina, participando en proyectos y dirección de obras de grandes emprendimientos en ese país, con carácter de ingeniero consultor.

Paralelamente y a tiempo parcial practicó la docencia universitaria, pasando por todas las posiciones de la carrera docente hasta profesor titular, mediante concursos públicos de oposición en las universidades nacionales de La Plata, Buenos Aires y Tecnológica Nacional, y en las privadas Instituto Tecnológico de Buenos Aires y Universidad de Belgrano. Llegó a decano de facultad y rector de universidad. Tiene trabajos publicados de investigación en el campo de la didáctica de la educación técnica.

Actualmente es académico en la Academia Nacional de Educación de Argentina ocupando el sitial "Bartolomé Mitre" y es miembro, en su calidad de ex decano, del Consejo Federal de Decanos de la República Argentina. Recibió en 1990, en Washington, el premio "Vector de Oro" otorgado por la Unión Panamericana de Ingenieros en base a su trayectoria como educador y recibió el premio al mejor trabajo en el 4° Congreso de Políticas de la Ingeniería, del Centro Argentino de Ingenieros en 1998.

Ha sido autor de numerosos libros de texto y últimamente, está volviendo a editar alguna de esas obras modernizadas y actualizadas, entre las que se encuentran "Instalaciones Eléctricas", "Máquinas Eléctricas", "Electrotecnia" y "Teoría Básica de la Electrotecnia". Es autor de más de 80 artículos en revistas especializadas y en periódicos.